卓越工程师培养计划

■ "十二五"高等学校规划教材

http://www.phei.com.cn

戚新波　主　编

杨　捷　赵　斌　姚秋凤　副主编

电工技术基础
与工程应用
·电路理论（第2版）

U0340459

电子工业出版社

Publishing House of Electronics Industry

北京·BEIJING

内 容 简 介

本书根据高等院校电子、电气相关专业"十二五"规划教材建设的精神和教学的需要，以职业岗位群的基本知识和核心技能为出发点，本着理论以"必需、够用"为度，突出应用性、综合性和先进性，同时引入仿真，通过大量反映生产实际的例子对其进行仿真，培养学生选择、设计和调试电路的能力，增强工程意识。

全书主要内容包括电路及其分析方法、线性电路的暂态分析、正弦交流电路的分析与应用、三相电路、EDA技能训练、磁路与变压器等知识。

本书可作为高等学校电子、电气相关专业的教学用书，也可供电子、电气工程类专业的工程技术人员参考使用。在教学过程中，可以根据不同专业的不同需求对本书的内容进行自由组合。

图书在版编目(CIP)数据

电工技术基础与工程应用·电路理论/戚新波主编.—2版.—北京：电子工业出版社，2013.5

(卓越工程师培养计划)

ISBN 978-7-121-20227-8

Ⅰ.①电… Ⅱ.①戚… Ⅲ.①电工技术－高等学校－教材②电路理论－高等学校－教材 Ⅳ.①TM

中国版本图书馆 CIP 数据核字(2013)第 081240 号

责任编辑：张 剑(zhang@phei.com.cn)
印 刷：三河市鑫金马印装有限公司
装 订：三河市鑫金马印装有限公司
出版发行：电子工业出版社
　　　　　北京市海淀区万寿路 173 信箱 邮编 100036
开 本：787×1092 1/16 印张：11.25 字数：243 千字
版 次：2011 年 3 月第 1 版
　　　　2013 年 5 月第 2 版
印 次：2016 年 2 月第 3 次印刷
印 数：1 000 册 定价：25.00 元

前　言

　　本书编者为长期从事高等职业教育的教师和生产一线的工程技术人员。本书以职业岗位群的基本知识和核心技能为出发点，本着理论以"必需、够用"为度，在注重基本理论、基本概念、基本分析方法的基础上，突出应用性、综合性和先进性，同时引入仿真，通过大量反映生产实际的例子对其进行仿真，培养学生选择、设计和调试电路的能力，增强工程意识。

　　本书由戚新波任主编，杨捷、赵斌和姚秋凤任副主编。河南机电高等专科学校杨捷编写第 1 章和第 2 章；河南机电高等专科学校赵斌编写第 3 章和第 4 章；河南机电高等专科学校姚秋凤编写第 5 章和第 6 章第 1 节及第 2 节；河南机电高等专科学校戚新波编写第 6 章第 3 节。全书由戚新波教授统稿和主审。

　　本书中的选学内容（标以"＊"号）是指加深、加宽的内容，供学有余力的学生阅读，可在教师指导下让学生通过自学掌握，不必在课堂上讲授。

　　在本书编写过程中，曾得到河南省电力公司和河南机电高等专科学校其他同行们的支持和帮助，在此一并致谢。

　　由于编者水平有限，书中错误和不妥之处在所难免，恳请读者批评、指正。

编者
2013.3

目　　录

第1章　电路及其分析方法

电路的基本定律和分析方法是学习电子电路、电动机理论、电气控制和信息技术等知识的理论基础。本章主要介绍电路及其模型，电路元件的概念，电压、电流参考方向的概念，电源及其互换，基尔霍夫定律、叠加定理、戴维南定理等电路的基本概念及电路的主要分析方法。

✓ 1.1　电路的基本概念与电源状态

1.1.1　电路及电路模型

电路就是电流通过的路径，主要用于实现电能的传输、变换，以及信号的传递和处理等功能。电路有时也称为电网络。人们在工作和生活中会遇到很多实际电路，如手电筒电路、照明电路、电动机控制电路、电视机电路等。电路是为了完成某种预期目的，由电源、负载、电源至负载的中间环节3个基本部分相互连接而成的电流通路装置。

图1-1所示的是一个简单的实际电路，这是一个由干电池、灯泡、开关及连接导线组成的手电筒电路。

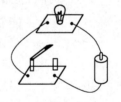

图1-1　手电筒电路
示意图

在图1-1中，干电池作为电源向电路提供电能；灯泡作为负载，是电路中消耗电能的设备；连接导线、开关作为中间环节，其作用是输送、分配电能和对信号进行处理。由于电路中产生的电压、电流是在电源的作用下产生的，因此电源有时又称为激励源或激励；由激励而在电路中产生的电压、电流称为响应。有时，根据激励与响应之间的因果关系，把激励称为输入，响应称为输出。

根据电路的运行条件，有些电路可以按集总参数电路来处理，有些电路则必须按分布参数电路来处理。集总参数电路的观点和理论认为，电路中的电磁量，如电流和电压等，只是时间的函数，因而描述电路的方程是常微分方程（对电阻性电路来说，是实数代数方程）。分布参数电路的观点和理论认为，电路中的电磁量是时间和空间坐标的函数，因而描述电路的方程是偏微分方程。集总参数元件假定：在任何时刻，流入二端元件的一个端子的电流一定等于从另一端子流出的电流，两个端子之间的电压为单量值。由集总参数元件构成的电路称为集总参数电路。本书只讨论集总参数电路。

用集总参数电路的观点分析、研究电路时，认为电路中的一些电磁现象或电磁过程，如电能的消耗、电场能量与磁场能量的储存或释放等，只存在于电路中的某些部件上，并且都能用相应的电路元件（集总参数元件）表示在电路图中。电路的几何尺寸和空间位置是无关紧要的，在不改变电路各部分相互连接关系的前提下，可以将电路图绘制成看起来最习惯或最便于分析计算的形式。

有些实际电路十分复杂，组成电路的实际元器件或设备各式各样，种类繁多，但它们在工作过程中都与电磁现象有关，必须在一定的条件下对实际元器件加以理想化，忽略其次要性质，用一个足以表征其主要性质的模型来表示，这样实际元器件的模型可由一种理想电路元件或由几种理想元件组合构成，即电路模型。

所谓理想元件，简单地说就是仅具有一种物理性质的抽象元件，是组成电路模型的最小单元。例如，只存在对电流呈现阻力（即消耗电能发热），而无任何其他性质的元件称为理想电阻元件，简称电阻元件。像灯泡、电阻器等实际器件一般就可用电阻元件代替。同样，只有储存电场能量性质，而无任何其他性质的元件称为电容元件；只有储存磁场能量性质，而无任何其他性质的元件称为电感元件；只有提供电能性质，而无任何其他性质的元件称为理想电源。在电路模型中，各理想元件的端子是用"理想导线"连接起来的。根据元件对外端子的数目，理想电路元件可分为二端、三端、四端元件等。

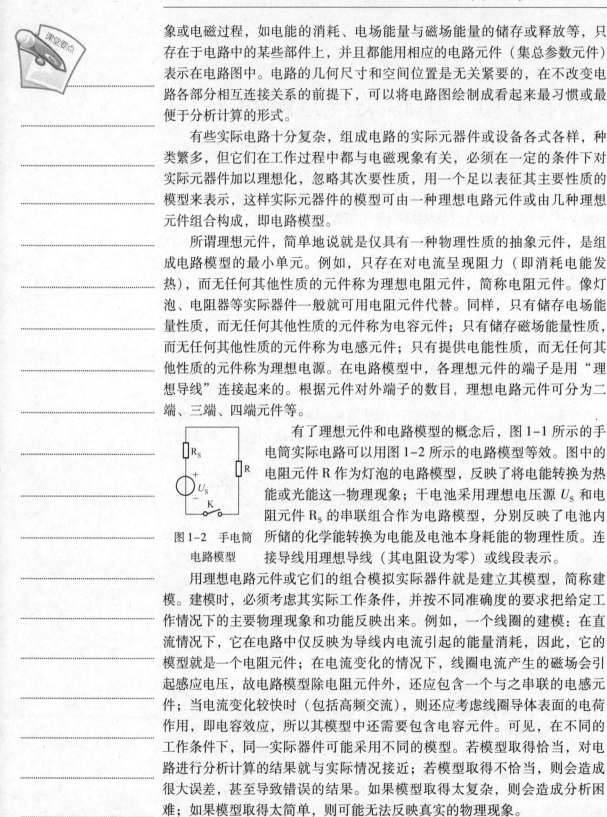

图 1-2　手电筒电路模型

有了理想元件和电路模型的概念后，图 1-1 所示的手电筒实际电路可以用图 1-2 所示的电路模型等效。图中的电阻元件 R 作为灯泡的电路模型，反映了将电能转换为热能或光能这一物理现象；干电池采用理想电压源 U_S 和电阻元件 R_S 的串联组合作为电路模型，分别反映了电池内所储的化学能转换为电能及电池本身耗能的物理性质。连接导线用理想导线（其电阻设为零）或线段表示。

用理想电路元件或它们的组合模拟实际器件就是建立其模型，简称建模。建模时，必须考虑其实际工作条件，并按不同准确度的要求把给定工作情况下的主要物理现象和功能反映出来。例如，一个线圈的建模：在直流情况下，它在电路中仅反映为导线内电流引起的能量消耗，因此，它的模型就是一个电阻元件；在电流变化的情况下，线圈电流产生的磁场会引起感应电压，故电路模型除电阻元件外，还应包含一个与之串联的电感元件；当电流变化较快时（包括高频交流），则还应考虑线圈导体表面的电荷作用，即电容效应，所以其模型中还需要包含电容元件。可见，在不同的工作条件下，同一实际器件可能采用不同的模型。若模型取得恰当，对电路进行分析计算的结果就与实际情况接近；若模型取得不恰当，则会造成很大误差，甚至导致错误的结果。如果模型取得太复杂，则会造成分析困难；如果模型取得太简单，则可能无法反映真实的物理现象。

本书所涉及的电路均指由理想电路元件构成的电路模型。同时将理想电路元件简称电路元件。

1.1.2　电路的基本物理量与电路元件

电路元件是电路中最基本的组成单元，按其与外部连接的端子数目可分为二端、三端、四端元件等。元件的特性通过与端子有关的电路物理量描述，电路理论中涉及的物理量主要有电流、电压、电动势、功率、电荷和磁通，在进行电路的分析和计算时，需要知道电压和电流的方向。关于电压和电流的方向，有实际方向和参考方向之分，要加以区别。

根据不同的元件特性可以将电路元件分为线性元件和非线性元件，时不变元件和时变元件，无源元件和有源元件等。

1. 电路的基本物理量

1）电流

电荷在电场作用下的运动形成电流。在金属导体中，电荷是自由电子；在电解液中，电荷是正、负离子；在半导体中，电荷是自由电子和空穴。

电流的大小用电流强度来衡量，它在数值上等于单位时间内通过某一截面 S（见图 1-3）的电量的代数和，习惯上以正电荷移动的方向定义为电流的实际方向。设在极短时间 dt 内，穿过导体某一截面 S 的电量代数和为 dq，则电流强度可表示为

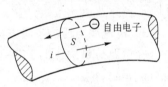

图 1-3　自由电子定向运动

$$i = \frac{dq}{dt} \tag{1-1}$$

式（1-1）说明，电流强度是电荷对时间的变化率。

大小和方向都不随时间变化的电流称为直流（－或 DC），用大写字母 I 表示，即 $I = \frac{q}{t}$。大小和方向都随时间周期性变化的电流称为交流（～或 AC），用小写字母 i 表示，即 $i = \frac{dq}{dt}$。

电流强度通常简称电流。因此，"电流"一词不仅代表一种物理现象，也代表一个物理量。在国际单位制（SI）中，电量的单位是库仑（C），时间的单位是秒（s），电流的单位为安培（A），简称安。电流的单位还有千安（kA），毫安（mA）和微安（μA）等，它们之间的换算关系为

$$1kA = 10^3 A \qquad 1mA = 10^{-3} A \qquad 1\mu A = 10^{-6} A$$

2）电压

电压的定义是，电场力把单位正电荷从 a 点（高电位点）移到 b 点（低电位点）所做的功，就称为 ab 两点之间的电压，用 u 表示，即

$$u = \frac{dW}{dq} \tag{1-2}$$

式中，W 是电场力把正电荷从 a 点移到 b 点所做的功，表明正电荷由 a 点移到 b 点所失去的电能；q 是被移动正电荷的电量；u 是电路中 ab 两点之

间的电压。

在国际单位制中，电能的单位是焦耳（J），电量的单位是库仑（C），电压的单位是伏特（V）。电压的单位还有千伏（kV），毫伏（mV）和微伏（μV）等，它们之间的换算关系为

$$1kV = 10^{3}V \qquad 1mV = 10^{-3}V \qquad 1\mu V = 10^{-6}V$$

电路中 ab 两点之间的电压也称为 ab 两点之间的电位差，即

$$u_{ab} = u_{a} - u_{b} \tag{1-3}$$

式中，u_{a} 为 a 点的电位；u_{b} 为 b 点的电位。

按电压随时间变化的情况，电压可分为恒定电压和交流电压。通常，大小和极性都不随时间变化的电压称为直流电压，用大写字母 U 表示；大小和极性都随时间周期性变化的电压称为交变电压，用小写字母 u 表示。

【注意】在确定电路中某点电位时，必须首先选择参考点，而当参考点选择不同时，电路中各点的电位随之改变，但任意两点之间的电压始终不变。

3）电流和电压的参考方向

在电路分析中，由于电路元件的电流或电压的实际方向可能是未知的，也可能是随时间变化的，为了方便电路分析，可以假定某一个方向为电流或电压的参考方向，当电流或电压的实际方向与参考方向一致时，电流或电压为正值；当电流或电压的实际方向与参考方向相反时，电流或电压为负值。

图 1-4 所示的是一个电路的一部分，其中的长方框表示一个二端元件。流过这个元件的电流为 i，其实际方向可能是由 A 到 B，或是由 B 到 A。在该图中用实线箭头表示电流的参考方向，用虚线箭头表示电流的实际方向。指定参考方向后，电流变为代数量。在图 1-4（a）中，电流 i 的实际方向与参考方向一致，故电流为正值，即 $i>0$；在图 1-4（b）中，电流 i 的实际方向与指定的电流参考方向不一致，故电流为负值，即 $i<0$。这样，在指定的电流参考方向下，电流值的正和负就可以反映出电流的实际方向。另一方面，只有规定了参考方向后，才能写出随时间变化的电流的函数式。电流的参考方向可以任意指定，一般用箭头表示，也可以用双下标表示，如 i_{AB} 表示参考方向为由 A 到 B。

同理，对电路两点之间的电压也可指定参考方向或参考极性。在表达两点之间的电压时，用正极性（+）表示高电位，负极性（-）表示低电位，而正极指向负极的方向就是电压的参考方向。指定电压的参考方向后，电压就变成了一个代数量。在图 1-5 中，电压 u 的参考方向是由 A 指向 B，也就是假定 A 点的电位比 B 点的电位高；如果 A 点的电位确实高于 B 点的电位，即电压的实际方向是由 A 到 B，两者的方向一致，则 $u>0$；若实际电位是 B 点高于 A 点，则 $u<0$。有时为了方便，也可用一个箭头表示电压的参考方向。也可以用双下标来表示电压的参考方向，如 u_{AB} 表示 A 与 B

之间的电压，其参考方向为 A 指向 B。

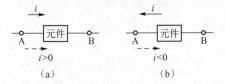

图 1-4　电流的参考方向

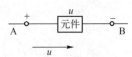

图 1-5　电压的参考方向

【注意】在求解电路时，必须在电路图中标出各电流、电压的参考方向，并以此为准进行分析、计算，最后根据计算的结果并结合图中的参考方向来确定电流、电压的真实方向。需要特别指出的是，在未标出参考方向的前提下，谈论电流、电压的正、负是没有意义的，因此必须养成在分析电路时，首先标出参考方向的习惯。

　　一个元件的电流或电压的参考方向可以独立地任意指定。在图 1-6（a）中，如果指定流过元件的电流的参考方向是从电压正极指向负极，即二者的参考方向一致，则把电流和电压的这种参考方向称为关联参考方向；当二者不一致时，称为非关联参考方向。在图 1-6（b）中，N 表示电路的一个部分，它有两个端子与外电路连接，电流 i 的参考方向自电压 u 的正极流入，从负极流出，二者的参考方向一致，为关联参考方向；图 1-6（c）所示电流和电压的参考方向是非关联参考方向。

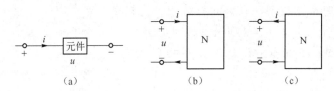

图 1-6　关联与非关联参考方向

【说明】无论讨论关联参考方向，还是非关联参考方向，均指同一个元件的端电压和流过该元件的电流之间的关系。

4）电动势

　　要使电路中通过持续的电流，需要有两个基本条件：一个是电路要构成闭合回路；另一个是电路中要有电源。电源把其他形式的能转化为电能，电源内部在"外力"作用下移动单位正电荷所做的功称为电源的电动势，用 E 表示。

　　所谓"外力"，即电源产生的一种电源力。在电池中，电源力是指电极和电解液发生化学反应时所产生的化学力，在发电机中是指电磁感应所产生的电磁力。电源力移送电荷的过程就是电源把其他形式的能量转变为电能的过程，即电源力对电荷做功的过程。不同的电源产生的电源力的大小不同，即对电荷做功的能力也不同。

　　如图 1-7 所示，a 和 b 是电源的两个电极，a 极带正电荷，b 极带负电

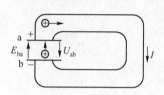

图 1-7 电源的
电压和电动势

荷，则在 ab 两电极之间就产生电场，电场内就存在电压 U_{ab}，表示电源的"端电压"。U_{ab} 使正电荷从高电位向低电位移动，形成电流 I。这样，电极 a 因正电荷减少而使电位逐渐降低，电极 b 因正电荷增多而使电位逐渐升高，其结果是 a 和 b 两电极的电位差（电压）逐渐减小至零；同时，连接导体中的电流 I 也相应地减小至零。

为了维持导体中不断有电流通过并保持恒定，必须使 ab 之间的电压 U_{ab} 保持恒定，这就要将电极 b 上所增加的正电荷送回电极 a。但由于电场力的作用，电极 b 上的正电荷不能逆电场而上，因此，必须有另一种能克服电场力的外力（即电源的电源力）才能使电极 b 上的正电荷送回电极 a。衡量电源力对正电荷做功能力大小的物理量即为电动势 E_{ba}。E_{ba} 在数值上等于电源力把单位正电荷从电源的低电位端 b 经电源内部移到高电位端 a 所做的功，也就是单位正电荷从 b 点（低电位）移到 a 点（高电位）所获得的电能。这就说明在电源力的作用下，电源不断地把其他形式的能量转换为电能。

显然，电动势与电压在意义上是两个不同的物理量。因此规定电压从高电位到低电位为正，而电动势则规定从低电位到高电位为正。但在电路图上，它们都呈现对外两个端点之间有电位差，在这个意义上是相同的。如图 1-8 所示，各图中两点 a、b 之间有电位差，设 a 点电位高于 b 点电位 10V，即 ab 两点之间的电压 $U_{ab} = 10V$，即单位正电荷自 a 点移至 b 点消耗的电能为 10J（电场力做功）；也可以说

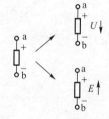

图 1-8 电压与电动
势对外端

是 ab 之间接有电动势 $E_{ba} = 10V$ 的电源，即单位正电荷自 b 点移至 a 点增加的电能为 10J（外力做功），这对外电路呈现的电位差分析是没有影响的，因为它们对外电路都呈现同一的电现象，即 a 点电位高于 b 点电位 10V。

这样，在数学表达式中有

$$U_{ab} = -E_{ab}$$
$$E_{ab} = -E_{ba}$$
$$U_{ab} = -E_{ab} = E_{ba}$$

因此，在电路分析中，往往把电动势当做电压来处理，从而可以减少分析中的电路变量。

在国际单位制（SI）中，电动势的单位为 V（伏特，简称伏）。

5）电功率

在电路的分析和计算中，电功率（简称"功率"）的计算是十分重要的。这是因为电路在工作状况下总伴随有电能与其他形式能量的相互交换；另一方面，电气设备、电路部件本身都有功率的限制，在使用时要注意其电流值或电压值是否超过额定值，如果过载，会使设备或部件损坏，或者

不能正常工作。

　　功率是能量转换的速率，电路中任何元件的功率 P，都可用元件的端电压 U 和其中的电流 I 相乘求得。

> 【注意】在写表达式求解功率时，要注意 U 与 I 的参考方向是否一致。
> 　　若 U 与 I 的参考方向一致，则　　　$P = UI$　　　　　　　(1-4)
> 　　若 U 与 I 的参考方向相反，则　　　$P = -UI$　　　　　　(1-5)
> 　　另外，U 和 I 的值还有正、负之分。当把 U 和 I 的值代入上述两式去计算后，所得的功率也会有正、负的不同。功率的正、负表示了元件在电路中的作用不同。若功率为正值，则表明该元件在电路中是负载，它将电能转换为其他形式的能量，电流流过该元件时是电场力做功；若功率为负值时，则表明该元件在电路中是电源，将其他形式的能量转换为电能，电流流过该元件时是电源力做功。

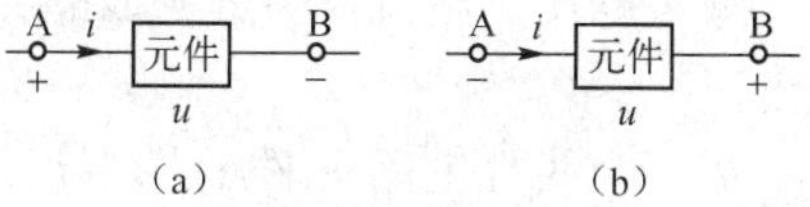

　　在图 1-9 中，已知某元件两端的电压 u 为 5V，A 点电位高于 B 点电位，电流 i 的实际方向为自 A 点到 B 点，其值为 2A。在图 1-9（a）中 u 和 i 为关联参考方向。u，i 表示

（a）　　　　　　（b）

图 1-9　元件的功率

瞬时电压和电流，瞬时功率 $p = 5 \times 2 = 10\text{W}$，为正值，此元件吸收的功率为 10W。如果指定的 u 和 i 的参考方向为非关联参考方向，如图 1-9（b）所示，则此时 $u = -5\text{V}$，$i = 2\text{A}$，瞬时功率 $p = -ui = -(-5) \times 2 = 10\text{W}$，所以此元件还是吸收了 10W 的功率，与图 1-9（a）求得的结果一致。

> 【注意】在同一个电路中，发出的功率和吸收的功率在数值上是相等的，这就是电路的功率平衡。

　　在国际单位中，功率的单位是瓦特（焦耳/秒），简称"瓦"，用大写字母"W"表示。功率的单位还有千瓦（kW）、毫瓦（mW）等，它们之间的换算关系为

$$1\text{kW} = 10^3\text{W} \quad 1\text{W} = 10^3\text{mW}$$

2. 电路元件

　　由前面所述，电路元件可分为无源理想元件和有源理想元件。下面将讨论的无源二端理想元件有线性电阻元件、线性电容元件、线性电感元件，有源二端理想元件有电压源和电流源。

1）无源二端理想元件

　　（1）线性电阻元件：电阻是表征电路中电能消耗的理想元件。例如，电阻器、灯泡、电炉等在只考虑它的热效应而忽略它的磁效应时，可以用理想电阻元件作为其模型。理想电阻元件在电压和电流取关联参考方向时，在任何时刻其两端的电压和电流服从欧姆定律，即

$$u = Ri \qquad (1-6)$$

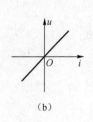

图1-10 线性电阻元件的
图形符号及伏安特性曲线

线性电阻元件的图形符号如图1-10（a）所示。式（1-6）中R为电阻元件的参数，称为元件的电阻值（简称"电阻"）。R是一个正实常数。当电压单位为 V，电流单位为 A 时，电阻的单位为 Ω（欧姆，简称欧）。

由于电压和电流的单位是伏和安，因此电阻元件的特性称为伏安特性，如图1-10（b）所示，它是通过原点的一条线。直线的斜率与元件的电阻 R 有关。

电阻的倒数称为电导，即 $G = \dfrac{1}{R}$，这时式（1-6）变成

$$i = Gu \qquad (1-7)$$

式中，电导的单位是 S（西门子，简称西）。R 和 G 都是电阻元件的参数。

如果电压、电流参考方向取非关联参考方向，则

$$u = -Ri \ \text{或}\ i = -Gu$$

当一个线性电阻元件的端电压不论为何值时，流过它的电流恒为零，就将其称为"开路"，它相当于 $R = \infty$ 或 $G = 0$。当流过一个线性电阻元件的电流不论为何值时，它的端电压恒为零，就将其称为"短路"，它相当于 $R = 0$ 或 $G = \infty$。

当电压 u 和电流 i 取关联参考方向时，电阻元件消耗的功率为

$$P = ui = Ri^2 = \frac{u^2}{R}$$

$$= Gu^2 = \frac{i^2}{G} \qquad (1-8)$$

由于 R 和 G 是正实常数，所以功率 P 恒为非负值。线性电阻元件是一种无源元件。

【例1-1】 10mA 的电流流过 500Ω 的电阻 R，求电阻 R 的电压降和消耗的功率。

解 由欧姆定律可得电压

$$U = IR = 10 \times 10^{-3}\text{A} \times 500\Omega = 5\text{V}$$

电阻消耗的功率为

$$P = UI = 5\text{V} \times 10 \times 10^{-3}\text{A} = 50 \times 10^{-3}\text{W} = 50\text{mW}$$

【例1-2】 有一个 100Ω，0.25W 的碳膜电阻，使用时电流不得超过多少？能否接在 50V 的电源上使用？

解 由 $P = RI^2$ 得

$$I = \sqrt{\frac{P}{R}} = \sqrt{\frac{0.25}{100}} = \sqrt{\frac{1}{4 \times 100}} = \frac{1}{20}\text{A} = 50\text{mA}$$

由 $U=RI$ 得
$$U = 100\Omega \times 50 \times 10^{-3}\mathrm{A} = 5\mathrm{V}$$

即在使用时电流不能超过 50mA，电压不能超过 5V。若接在 50V 电源上使用，将远远超过了电阻允许的最大电压，必将烧坏电阻，故不能接在 50V 电源上使用。

今后，为了叙述方便，把线性电阻元件简称电阻，所以本书中"电阻"这个术语以及它的相应符号 R 一方面表示一个电阻元件，另一方面也表示此元件的参数。

（2）线性电容元件：电容元件是实际电容器的理想化模型。电容元件是用于表征电路中电场能储存这一物理性质的理想元件。图 1-11（a）中所示为一电容器，当电路中有电容器存在时，电容器极板（由绝缘材料隔开的两个金属导体）上会聚集起等量异号电荷。电压 u 越高，聚集的电荷 q 就越多，产生的电场越强，储存的电场能就越多。q 与 u 的比值为

$$C = \frac{q}{u}$$

式中，q 的单位为库［仑］（C）；u 的单位为伏［特］（V）；C 称为电容，其单位为法［拉］（F）。由于法［拉］的单位太大，工程上多用微法（μF）或皮法（pF）为单位，它们之间的换算关系为

$$1\mu\mathrm{F} = 10^{-6}\mathrm{F} \quad 1\mathrm{pF} = 10^{-12}\mathrm{F}$$

线性电容元件的库伏特性曲线是一条通过 $u-q$（或 $q-u$）平面的坐标原点的直线，如图 1-11（b）所示。

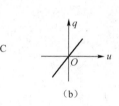

当极板上的电荷量 q 或电压 u 发生变化时，在电路中就要引起电流流过，其大小为

图 1-11　线性电容元件的电路符号及其库伏特性曲线

$$i = \frac{\mathrm{d}q}{\mathrm{d}t} = C\frac{\mathrm{d}u}{\mathrm{d}t} \qquad (1-9)$$

【注意】式（1-9）是在 u 和 i 的参考方向相同的情况下得出的，否则要加负号。

当电容器两端加恒定电压时，则由式（1-9）可知 $i=0$，电容元件相当于开路。将式（1-9）两边积分，便可得出电容元件上的电压与电路中电流的另一种关系式，即

$$u = \frac{1}{C}\int_{-\infty}^{t} i\mathrm{d}t = \frac{1}{C}\int_{-\infty}^{0} i\mathrm{d}t + \frac{1}{C}\int_{0}^{t} i\mathrm{d}t = u_0 + \frac{1}{C}\int_{0}^{t} i\mathrm{d}t \qquad (1-10)$$

式中，u_0 是初始值，即在 $t=0$ 时电容元件上的电压。若 $u_0=0$，则

$$u = \frac{1}{C}\int_{0}^{t} i\mathrm{d}t \qquad (1-11)$$

若将式（1-9）两边乘上 u，并积分，则得

$$\int_0^t uidt = \int_0^u Cudu = \frac{1}{2}Cu^2 \qquad (1-12)$$

这说明当电容元件上的电压增加时，电场能量增大。在此过程中，电容元件从电源取用能量（充电），式（1-12）中的 $\frac{1}{2}Cu^2$ 就是电容元件极板间的电场能量。当电压降低时，则电场能量减小，即电容元件向电源放还能量（放电）。

一般的电容器除具有储能作用外，也会消耗一部分电能，这时，电容器的模型就必须是电容元件和电阻元件的组合。由于电容器消耗的电功率与所加的电压直接相关，因此其模型应是二者的并联组合。

（3）线性电感元件：电感元件是实际电感器的理想化模型。电感是用于表征电路中磁场能储存这一物理性质的理想元件。当电路中有电感器（线圈）存在时，电流通过线圈会产生比较集中的磁场，因而必须考虑磁场能储存的影响。

在图 1-12（a）中，设线圈的匝数为 N，电流 i 通过线圈而产生的磁通为 Φ，两者的乘积（$\Psi = N\Phi$）称为线圈的磁链，它与电流的比值 $L = \frac{\Psi}{i}$ 称为电感器（线圈）的电感。式中，Ψ 和 Φ 的单位为韦［伯］（Wb）；i 的单位为安［培］（A）；L 的单位为亨［利］（H）。

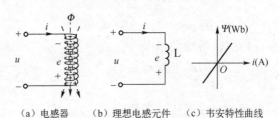

（a）电感器 （b）理想电感元件 （c）韦安特性曲线

图 1-12 电感元件

如果线圈的电阻很小，则可以忽略不计，该线圈便可用图 1-12（b）所示的理想电感元件来代替。线性电感元件的韦安特性曲线是一条通过 $\Psi - i$ 平面上坐标原点的直线，如图 1-12（c）所示。

当线圈中的电流变化时，磁通和磁链将随之变化，将会在线圈中产生感应电动势。在规定 e 的方向与磁力线的方向符合右手螺旋定则时 e 为正、否则为负的情况下，感应电动势 e 可以用下式计算：

$$e = -N\frac{\mathrm{d}\Phi}{\mathrm{d}t} = -\frac{\mathrm{d}\Psi}{\mathrm{d}t}$$

因此，在图 1-12 中，关联参考方向规定：u 与 i 的参考方向一致，i 与 e 的参考方向与磁场线的参考方向都符合右手螺旋定则，因而 i 与 e 的参考方向也应该一致。在此规定下，便可得到电感中感应电动势的另一种计算公式，即

$$e = -L\frac{\mathrm{d}i}{\mathrm{d}t}$$

$$u = -e = L\frac{\mathrm{d}i}{\mathrm{d}t} \qquad (1-13)$$

式（1-13）即为电感元件上的电压与通过的电流的关系式。

当线圈中通过不随时间而变化的恒定电流时，由式（1-13）可知，其上电压为零，电感元件可视为短路。

将式（1-13）两边积分，便可得出电感元件上的电压与电流的关系式，即

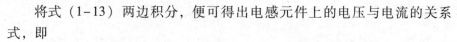

$$i = \frac{1}{L}\int_{-\infty}^{t} u\mathrm{d}t = \frac{1}{L}\int_{-\infty}^{0} u\mathrm{d}t + \frac{1}{L}\int_{0}^{t} u\mathrm{d}t = i_0 + \frac{1}{L}\int_{0}^{t} u\mathrm{d}t \qquad (1-14)$$

式中，i_0 是初始值，即在 $t=0$ 时电感元件中通过的电流。若 $i_0=0$，则

$$i = \frac{1}{L}\int_{0}^{t} u\mathrm{d}t$$

最后讨论电感元件中的能量转换问题。如果将式（1-13）两边乘上 i，并积分，则得

$$\int_{0}^{t} ui\mathrm{d}t = \int_{0}^{t} Li\mathrm{d}i = \frac{1}{2}Li^2 \qquad (1-15)$$

这说明当电感元件中的电流增大时，磁场能量增大；在此过程中，电能转换为磁能，即电感元件从电源取用能量。当电流减小时，磁场能量转换为电能，即电感元件向电源放还能量。

2）有源二端理想元件

在含电阻的电路中有电流流动时，就会不断消耗能量，电路中就必须有能量的来源，也就需要有不断提供能量的电源。

有源二端元件是从实际电源中抽象出来的理想化模型。其中，以电压形式表示的模型称为理想电压源，简称恒压源；以电流形式表示的模型称为理想电流源，简称恒流源。

（1）电压源：理想电压源两端的电压总保持一个固定值或某个给定的时间函数，而与通过它的电流的大小和方向无关。它的电路符号如图1-13（a）所示，其中 u_S 为恒压源的电压，"＋"、"－"号为电压的参考方向（极性）。电压 u_S 为常数的恒压源称为直流恒压源，对直流恒压源有时也可用图1-13（b）所示的符号表示，长线段表示它的高电位（正极性）端，短线段表示它的低电位（负极性）端。

在 $u\text{-}i$ 平面上，直流恒压源的伏安特性曲线是一条与 i 轴平行的直线，如图1-14（a）所示。当恒压源 u_S 随时间变化时，它在某个时刻 t 的伏安特性曲线也是一条与 i 轴平行的直线，如图1-14（b）所示，其中，$u_S(t_1)$，$u_S(t_2)$，$u_S(t_3)$，…表示电压 u_S 在 t_1，t_2，t_3，…瞬间的值，可见这种恒压源的伏安特性曲线是随时间而改变的，但它任何瞬间总是与 i 轴平行的直线。

由定义可知，电压源有两个基本特点：①它的端电压值为定值；②流过恒压源的电流是由外电路决定的任意值。很明显，恒压源所提供的电流和功率是不受限制的。然而，任何一个实际的电源所能提供的电流和功率都是有限的，更不允许短路，因此恒压源是实际电源的一种理想化模型。

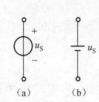

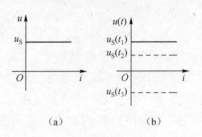

图1-13 恒压源的电路符号   图1-14 直流恒压源的伏安特性曲线

通常恒压源在电路中作为提供功率的电源元件出现，但也有可能吸收功率而作为负载出现。

【例1-3】 已知恒压源的电压、电流参数及参考方向如图1-15所示。试求各恒压源的功率，并说明该恒压源是产生功率的还是吸收功率的。

解 图1-15（a）中的电流从恒压源"−"端流入而从"+"端流出，电压和电流为非关联参考方向。由式（1-5）可得

$$P = -2 \times 2 = -4W < 0$$

故恒压源为产生功率。

图1-15（b）中的电压、电流为关联参考方向，故有

$$P = UI = (-3) \times (-2) = 6(W)$$

所以恒压源为吸收功率。

（2）电流源：电流源是一种与恒压源"相反"的有源二端理想元件，即通过恒流源的电流总保持一个固定值或某个给定的时间函数，而与其两端的电压无关。它的电路符号如图1-16（a）所示。其中，i_S 为恒流源的电流，箭头为电流的参考方向。

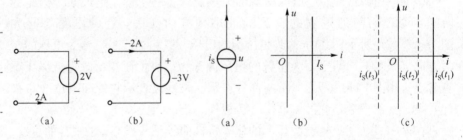

图1-15 例1-3图   图1-16 恒流源的电路符号及其伏安特性曲线

如果恒流源的电流为不随时间变化的常数，即 $i_S = I_S$，则称为直流恒流源，它的伏安特性曲线是一条在 $u-i$ 平面上与 u 轴平行的直线，如图1-16（b）所示。当恒流源的电流随时间变化时，它在某一时刻 t 的伏安特性曲线也是一条与 u 轴平行的直线，如图1-16（c）所示，其中 $i_S(t_1)$，$i_S(t_2)$，$i_S(t_3)$，…为 i_S 在 t_1，t_2，t_3 等瞬间的值。显然，这种恒流源的伏安特性曲线也随时间而改变，且它任何瞬间总是与 u 轴平行的直线。

由定义可知，恒流源也有两个基本特点：①通过它的电流为定值；

② 它的端电压是由外电路决定的任意值。

与恒压源一样，任何一个实际电源不完全具有恒流源的特性，恒流源只是它的另一种理想化元件。恒流源在电路中有时向电路提供功率，有时也从电路中吸收功率，因此，也可以根据其电压、电流参考方向，由计算得到的功率的正、负来判断恒流源是产生功率（电源元件）的还是吸收功率（负载元件）的。

上述电压源和电流源常常被称为"独立"电源，"独立"二字是相对于下面所介绍的"受控"电源来说的。

1.1.3　电源状态

电路中有时有电流，有时没有电流，有时有超出正常值许多的电流，这就是电路处于不同运行状态下的特征，现分别加以介绍。

1. 电源有载工作

将图 1-17 中开关 S 合上，负载 R 便接入到电路中，这就是电源有载工作状态。此时电路中电压与电流的关系是：根据欧姆定律，有

$$I = \frac{U_S}{R + R_0} \tag{1-16}$$

【注意】 I 的参考方向与 U 方向一致。

图 1-17 中虚线框内为电源，将 $IR = U$（电源的端电压）代入式（1-16），有

$$U = U_S - R_0 I \tag{1-17}$$

将式（1-17）用坐标图表示出来，如图 1-18 所示，它表示电源端电压 U 随电源输出电流 I 的变化关系，即 $U = f(I)$，称为电源的外特性曲线。显然其斜率与电源内阻 R_0 有关，若为恒压源，$R_0 = 0$，$U = U_S$，外特性曲线是一条与 I 轴平行的直线（如图 1-18 中的虚线所示），表明当电流（负载）变动时，电源的端电压无变化，这说明它带负载能力强。

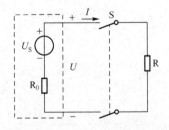

图 1-17　电路运行状态示意图

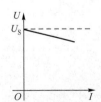

图 1-18　电路外特性曲线

此时电路中的能量分布关系是：将式（1-17）两边乘以 I，有

$$UI = U_S I - R_0 I^2$$

即

$$P = P_{U_S} - \Delta P \qquad (1-18)$$

式中，$P = UI$，为电源输出的功率；$P_{U_S} = U_S I$，为电源产生的功率；$\Delta P = R_0 I^2$，为电源内阻上损耗的功率。

可见，电源产生的功率与电源的输出功率和内阻上所损耗的功率是平衡的，符合能量守恒定律。

> **【说明】** 在实际电路中，为了保证电气设备安全可靠地工作，每一个电路元件在工作中都有一定的使用限额，这种限额称为额定值。电气设备的额定值一般都列入产品说明书或直接标明在电气设备的铭牌上。如某电动机铭牌上标明"5kW，380V，199A"等，这些功率、电压、电流值均指额定值。表明该电动机接在额定电压为380V的电源上，带有额定负载时输出5kW的额定功率。当所加电压或电流超过额定电压或额定电流很多时，电气设备或元件容易损坏。当在低于额定值很多的状态下工作时，电气设备不能正常运转。额定值用带下标"N"的大写字母表示。额定电压、额定电流和额定功率分别用 U_N、I_N、P_N 表示。

2. 电源开路（断路）状态

在图1-19所示的电路中，当开关S断开时，电源和负载未构成闭合电路，即电路处于断路状态，这时电源空载。开路时，外电路的电阻对电源而言为∞，故电路中的电流为零，这时电源的端电压（又称为开路电压或空载电压 U_0）等于电源电动势，电源无能量输出，即

$$I = 0$$
$$U = U_0 = U_S$$
$$P = 0$$

3. 电源短路状态

当电源两端被电阻接近于零的导体接通时，电流有捷径可通，不再流过负载，这种情况称为电源被短路，如图1-20所示。

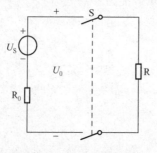

图1-19 电源开路电路图

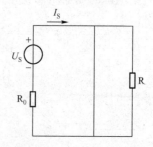

图1-20 电源短路电路图

因为回路中仅有很小的电源内阻 R_0，故此时电流很大，称为短路电流 I_S。短路电流可能使电源遭受机械性的与热的损伤或毁坏。短路时，电源

所产生的电能全都被内阻所消耗。显然，电源短路时，由于外电路电阻为
0，因此电源端电压也为0，此时电源电动势全部降在内阻上，即

$$U = 0$$
$$I = I_S = U_S / R_0$$
$$P_E = \Delta P = R_0 I^2 \qquad (P = 0)$$

短路也可发生在负载端或电路的任意位置。

✓⁺ 1.2　基尔霍夫定律及应用

　　如果将电路中各个支路电流和支路电压作为变量来看，这些变量受到两
类约束。一类是元件的特性造成的约束。例如，线性电阻元件的电压与电流
必须满足 $u = Ri$ 的关系。这种关系称为元件的电压电流关系（VCR），即
VCR 构成了变量的元件约束。另一类约束是由于元件的相互连接给支路电
流之间或支路电压之间带来的约束关系，这类约束由基尔霍夫定律来体现。

　　在讨论基尔霍夫定律之
前，以图 1-21 所示的电路图
为例介绍有关电路结构的几个
名词。

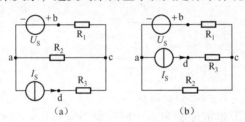

图 1-21　电路名词定义图

　　【支路】　每一个二端元件
就是一条支路。但为了方便，
在分析电路时，常把流过同一
个电流的多个二端元件的串联组合称为一条支路，如图 1-21（a）中的 U_S
和 R_1、I_S 和 R_3、R_2 各为一条支路，这样就共有 3 条支路。

　　【节点】　两条或两条以上支路的连接点称为节点。为了方便，在分析
电路时，常把 3 条及以上支路的连接点作为节点，如图 1-21（a）中的 a
点和 c 点为节点，而 b 点和 d 点可不算为节点。

　　【回路】　电路中的任一个闭合路径称为回路，如图 1-21（a）中的 ab-
ca，acda，abcda 都是回路，共有 3 个回路。显然，电路中没有闭合路径就
没有电流，因此电路中至少要有一个回路，这种只有一个回路的电路称为
单回路电路。

　　【网孔】　回路内不含有跨接支路的回路称为网孔，如图 1-21（a）中
的回路 abca 和 acda 都是网孔，而回路 abcda 就不是网孔，因为其内部跨接
有 R_2 支路。网孔由哪些支路（元件）组成与电路的绘制方法有关，若
图 1-21（a）改为图 1-21（b），则回路 abcda 和 adcR_2a 是网孔，而 abcR_2a
就不是网孔。

　　【网络】　一般把由较多元件组成的电路称为网络，而至少含有一个或
一个以上电源的网络称为有源网络，不含任何电源的网络称为无源网络。
实际上，电路与网络没有严格的区别，可以通用。

　　集总电路是由若干集总电路元件互相连接起来的电流通路。基尔霍夫

定律是集总电路的基本定律。基尔霍夫定律是德国物理学家基尔霍夫发现的两个重要的集总电路定律，一个是电流定律，另一个是电压定律。

1.2.1　基尔霍夫电流定律

基尔霍夫电流定律（KCL）指出："在集总电路中，任何时刻，对任何节点，所有流出（或流入）该节点的支路电流的代数和恒等于零"。此处，电流的"代数和"是根据电流是流出节点还是流入节点来判断的。若流出节点的电流前面取"＋"号，则流入节点的电流前面取"－"号；电流是流出节点还是流入节点，均根据电流的参考方向来判断。所以，对任一节点有

$$\sum i = 0 \tag{1-19}$$

式（1-19）中的取和是对连接于该节点的所有支路电流进行的。

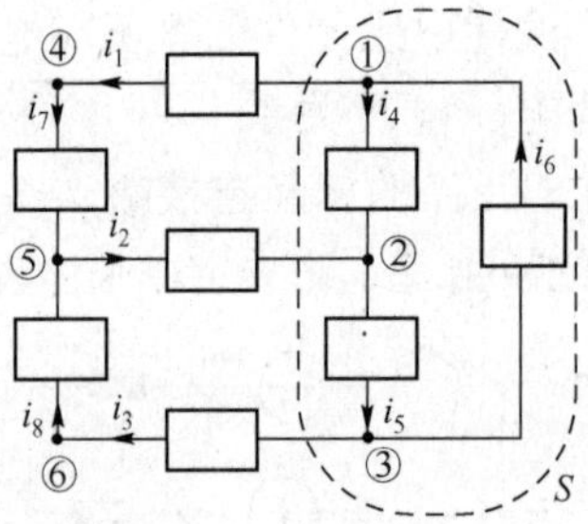

例如，以图 1-22 所示电路为例，各支路电流的参考方向见图。对节点①应用 KCL，有

$$i_1 + i_4 - i_6 = 0$$

上式可写为

$$i_1 + i_4 = i_6$$

图 1-22　KCL

此式表明，流出节点①的支路电流等于流入该节点的支路电流。因此，KCL 也可理解为：任何时刻，流出任一节点的支路电流等于流入该节点的支路电流。

KCL 通常用于节点，但对包围几个节点的闭合面也是适用的。对图 1-22 所示电路，用虚线表示的闭合面 S 有

$$i_1 - i_2 + i_3 = 0$$

式中，i_1 和 i_3 流出闭合面，i_2 流入闭合面。

所以，通过一个闭合面的支路电流的代数和总是等于零的；或者说，流出闭合面的电流等于流入同一闭合面的电流。这称为电流连续性。KCL 是电荷守恒的体现。

1.2.2　基尔霍夫电压定律

基尔霍夫电压定律（KVL）指出："在集总电路中，任何时刻，沿任一回路，所有支路电压的代数和恒等于零。"

所以，沿任一回路有

$$\sum u = 0 \tag{1-20}$$

式（1-20）中取和时，需要任意指定一个回路的绕行方向，凡支路电压的参考方向与回路的绕行方向一致者，该电压前面取"＋"号；凡支路电压参考方向与回路绕行方向相反者，其前面取"－"号。

以图 1-23 所示电路为例，对支路（1，2，3，4）构成的回路列写 KVL

方程时，需要先指定各支路电压的参考方向和回路的绕行方向。绕行方向用虚线上的箭头表示，有关支路电压为 u_1、u_2、u_3、u_4，它们的参考方向见图 1-23。

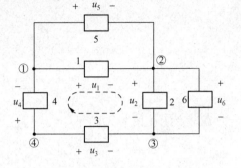

根据 KVL，对指定的回路有

$$u_1 + u_2 - u_3 + u_4 = 0$$

由上式也可得

$$u_3 = u_1 + u_2 + u_4$$

图 1-23　KVL

上式表明，节点③、④之间的电压 u_3 是单值的，不论沿支路 3 或沿支路 1、2、4 构成的路径，此两节点间的电压值是相等的。KVL 是电压与路径无关这一性质的反映。

KCL 在支路电流之间施加线性约束关系；KVL 则对支路电压之间施加线性约束关系。这两个定律仅与元件的相互连接有关，对于任何性质的元件总是成立的。

对一个电路应用 KCL 和 KVL 时，应对各节点和支路编号，并指定有关回路的绕行方向，同时指定各支路电流和支路电压的参考方向，一般二者取关联参考方向。

【例 1-4】　在图 1-24 所示的电路中，已知 $u_1 = u_3 = 1\text{V}$，$u_2 = 4\text{V}$，$u_4 = u_5 = 2\text{V}$。求电压 u_x。

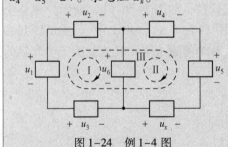

图 1-24　例 1-4 图

解　对回路 Ⅰ 和 Ⅱ 分别列出 KVL 方程（支路的参考方向和回路的绕行方向见图 1-24）：

$$-u_1 + u_2 + u_6 - u_3 = 0$$
$$-u_6 + u_4 + u_5 - u_x = 0$$

将两个方程相加消去 u_6，得

$$u_x = -u_1 + u_2 - u_3 + u_4 + u_5 = 6\text{V}$$

【例 1-5】　在图 1-25 所示的电路中，电阻 $R_1 = 1\Omega$，$R_2 = 2\Omega$，$R_3 = 10\Omega$，$U_{S1} = 3\text{V}$，$U_{S2} = 1\text{V}$。求电阻 R_1 两端的电压 U_1。

解　求解本题时，必须同时应用 KCL、KVL，以及元件的 VCR。各支路电压与电流的参考方向见图 1-25。现将支路电流 I_1、I_2 与 I_3 都以 U_1 来表示。有 $I_1 = U_1/R_1 = U_1/1\Omega$；并根据Ⅰ、Ⅱ回路的 KVL 可得 $U_1 = U_{S1} - R_3 I_3$，$U_1 = R_2 I_2 + U_{S2}$，从而得到

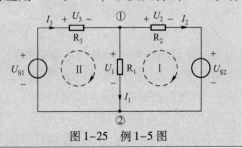

图 1-25　例 1-5 图

$$I_3 = \frac{U_{S1} - U_1}{R_3} = \frac{3V - U_1}{10\Omega}$$

与

$$I_2 = \frac{U_1 - U_{S2}}{R_2} = \frac{U_1 - 1V}{2\Omega}$$

在节点①使用 KCL，有 $I_3 = I_1 + I_2$，即

$$\frac{3V - U_1}{10\Omega} = \frac{U_1}{1\Omega} + \frac{U_1 - 1V}{2\Omega}$$

从而解得

$$U_1 = 0.5V$$

✓⁺ 1.3 电路的基本分析

1.3.1 电路的等效变换

对电路进行分析和计算时，有时可以把电路中的某一部分简化，即用一个较为简单的电路代替该电路。在图 1-26（a）中，右方虚线框中由几个电阻构成的电路可以用一个电阻 R_{eq} 代替，如图 1-26（b）所示，使整个电路得以简化。进行代替的条件是使图 1-26（a）、（b）中，端口 1-1′右侧的部分有相同的伏安特性。电阻 R_{eq} 称为等效电阻，其值取决于被代替的原电路中各电阻的值及其连接方式。

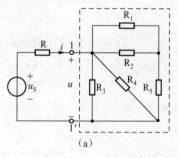
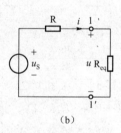

图 1-26 等效电阻

另外，当图 1-26（a）中端口 1-1′右侧的电路被 R_{eq} 代替后，1-1′左侧的电路的任何电压和电流均与原电路相同，这就是电路的"等效概念"，即当电路中某一部分用其等效电路代替后，未被代替部分的电压和电流均应保持不变。也就是说，用等效电路的方法求解电路时，电压和电流保持不变的部分仅限于等效电路以外，这就是"对外等效"的概念。等效电路是被代替部分的简化或结构变形，因此其内部并不等效。例如，把图 1-26（a）所示电路简化后，不难按图 1-26（b）求得端口 1-1′左侧部分的电流 i 和端

口 1–1′ 的电压 u，它们分别等于原电路中的电流 i 和电压 u。如果要求图 1–26（a）中虚线方框内的各电阻的电流，就必须回到原电路，根据已求得的电流 i 和电压 u 来求解。可见，"对外等效" 也就是其外部特性等效。

本节主要讨论电阻电路的等效变换和电源电路之间的等效变换。

1. 电阻的串联

图 1–27（a）所示的电路为 n 个电阻 R_1，R_2，$\cdots$，R_k，$\cdots$，R_n 的串联组合。电阻串联时，根据 KCL 定律可知，每个电阻中的电流为同一电流 i。

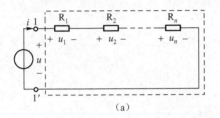
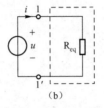

图 1–27　电阻的串联

应用 KVL，有

$$u = u_1 + u_2 + \cdots + u_k + \cdots + u_n$$

由于每个电阻的电流均为 i，有 $u_1 = R_1 i$，$u_2 = R_2 i$，$\cdots$，$u_k = R_k i$，$\cdots$，$u_n = R_n i$，代入上式，得

$$u = (R_1 + R_2 + \cdots + R_k + \cdots + R_n)i = R_{eq}i$$

式中，

$$R_{eq} \overset{\text{def}}{=} \frac{u}{i} = R_1 + R_2 + \cdots + R_k + \cdots + R_n = \sum_{k=1}^{n} R_k \qquad (1\text{–}21)$$

电阻 R_{eq} 是这些串联电阻的等效电阻。显然，等效电阻必大于任一个串联的电阻。

电阻串联时，各电阻上的电压为

$$u_k = R_k i = \frac{R_k}{R_{eq}} u \quad (k = 1, 2, \cdots, n) \qquad (1\text{–}22)$$

可见，每个串联电阻上的电压与其电阻值成正比。式（1–22）称为电压分配公式，简称分压公式。

2. 电阻的并联

图 1–28（a）所示的电路为 n 个电阻的并联组合。电阻并联时，由 KVL 定律知，各电阻的电压为同一电压 u。

由于电压相等，总电流 i 可根据 KCL 写做

$$i = i_1 + i_2 + \cdots + i_k + \cdots + i_n$$
$$= G_1 u + G_2 u + \cdots + G_k u + \cdots + G_n u$$
$$= (G_1 + G_2 + \cdots + G_k + \cdots + G_n)u = G_{eq}u \qquad (1\text{–}23)$$

式中，G_1，G_2，$\cdots$，G_k，$\cdots$，G_n 分别为电阻 R_1，R_2，$\cdots$，R_k，$\cdots$，R_n 的电导，而

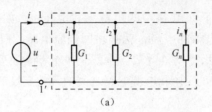 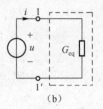

（a） （b）

图 1-28　电阻的并联

$$G_{\text{eq}} \overset{\text{def}}{=} \frac{i}{u} = G_1 + G_2 + \cdots + G_k + \cdots + G_n = \sum_{k=1}^{n} G_k \qquad (1\text{-}24)$$

G_{eq} 是 n 个电阻并联后的等效电导。并联后的等效电阻 R_{eq} 为

$$R_{\text{eq}} = \frac{1}{G_{\text{eq}}} = \frac{1}{\displaystyle\sum_{k=1}^{n} G_k} = \frac{1}{\displaystyle\sum_{k=1}^{n} \frac{1}{R_k}} \qquad (1\text{-}25)$$

或

$$\frac{1}{R_{\text{eq}}} = \sum_{k=1}^{n} \frac{1}{R_k}$$

不难看出，等效电阻小于任一个并联的电阻。

电阻并联时，各电阻中的电流为

$$i_k = G_k u = \frac{G_k}{G_{\text{eq}}} i \qquad (k=1,2,\cdots,n) \qquad (1\text{-}26)$$

可见，每个并联电阻中的电流与它们各自的电导值成正比。式（1-26）称为电流分配公式，简称分流公式。

当 $n=2$ 时，即两个电阻的并联，如图 1-29（a）所示，等效电阻为

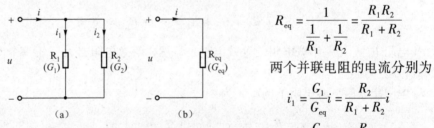

$$R_{\text{eq}} = \frac{1}{\dfrac{1}{R_1} + \dfrac{1}{R_2}} = \frac{R_1 R_2}{R_1 + R_2}$$

两个并联电阻的电流分别为

（a） （b）

图 1-29　两个电阻并联

$$i_1 = \frac{G_1}{G_{\text{eq}}} i = \frac{R_2}{R_1 + R_2} i$$

$$i_2 = \frac{G_2}{G_{\text{eq}}} i = \frac{R_1}{R_1 + R_2} i$$

【例1-6】 在图 1-30 所示的电路中，$I_S = 16.5\text{mA}$，$R_S = 2\text{k}\Omega$，$R_1 = 40\text{k}\Omega$，$R_2 = 10\text{k}\Omega$，$R_3 = 25\text{k}\Omega$，求 I_1、I_2 和 I_3。

解 R_S 不影响 R_1、R_2、R_3 中电流的分配。现在，$G_1 = \dfrac{1}{R_1} = 0.025\text{mS}$，

$G_2 = \dfrac{1}{R_2} = 0.1\text{mS}$，$G_3 = \dfrac{1}{R_3} = 0.04\text{mS}$。按

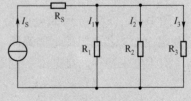

图 1-30　例 1-6 图

电流分配公式，有：

$$I_1 = \frac{G_1}{G_1 + G_2 + G_3} I_S = \frac{0.025}{0.025 + 0.1 + 0.04} \times 16.5 = 2.5 \,(\text{mA})$$

$$I_2 = \frac{G_2}{G_1 + G_2 + G_3} I_S = \frac{0.1}{0.025 + 0.1 + 0.04} \times 16.5 = 10(\text{mA})$$

$$I_3 = \frac{G_3}{G_1 + G_2 + G_3} I_S = \frac{0.04}{0.025 + 0.1 + 0.04} \times 16.5 = 4(\text{mA})$$

3. 电阻的混联

当电阻的连接中既有串联又有并联时,称为电阻的串、并联,简称电阻的混联。图 1-31 所示的电路均为混联电路。在图 1-31 (a) 中,R_3 与 R_4 串联后与 R_2 并联,再与 R_1 串联,故有

$$R_{eq} = R_1 + \frac{R_2(R_3 + R_4)}{R_2 + R_3 + R_4}$$

对于图 1-31 (b) 所示的电路,读者可自行求得 $R_{eq} = 12\Omega$。

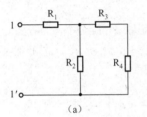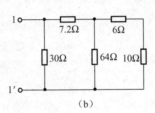

图 1-31 电阻的混联

*4. 电阻的丫形连接和△形连接的等效变换

丫形连接也称为星形 (star) 连接,△形连接也称为三角形连接。它们都具有 3 个端子与外部相连。如图 1-32 (a) 和 (b) 所示,当 $i_1 = i_1'$,$i_2 = i_2'$,$i_3 = i_3'$ 时,它们对外等效。

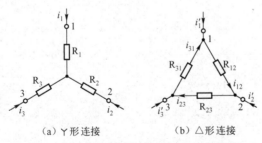

(a) 丫形连接 (b) △形连接

图 1-32 丫形连接和△形连接的等效变换

对于丫形与△形连接电路中,各电阻之间的关系为

$$\left.\begin{array}{l} R_{12} = \dfrac{R_1 R_2 + R_2 R_3 + R_3 R_1}{R_3} \\[3mm] R_{23} = \dfrac{R_1 R_2 + R_2 R_3 + R_3 R_1}{R_1} \\[3mm] R_{31} = \dfrac{R_1 R_2 + R_2 R_3 + R_3 R_1}{R_2} \end{array}\right\} \quad (1-27)$$

式（1-27）就是根据Y形连接的电阻确定△形连接的电阻的公式。

$$R_1 = \frac{R_{12}R_{31}}{R_{12}+R_{23}+R_{31}}$$

$$R_2 = \frac{R_{23}R_{12}}{R_{12}+R_{23}+R_{31}} \quad\quad (1-28)$$

$$R_3 = \frac{R_{31}R_{23}}{R_{12}+R_{23}+R_{31}}$$

式（1-28）就是根据△形连接的电阻确定Y形连接的电阻的公式。

为了便于记忆，以上互换公式可归纳为

$$Y形电阻 = \frac{△形相邻电阻的乘积}{△形电阻之和}$$

$$△形电阻 = \frac{Y形电阻两两乘积之和}{Y形不相邻电阻}$$

5. 电压源、电流源的串联和并联

图 1-33（a）所示为 n 个电压源的串联，可以用一个等效电压源代替，如图 1-33（b）所示，这个等效电压源的激励电压为

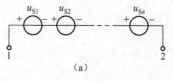

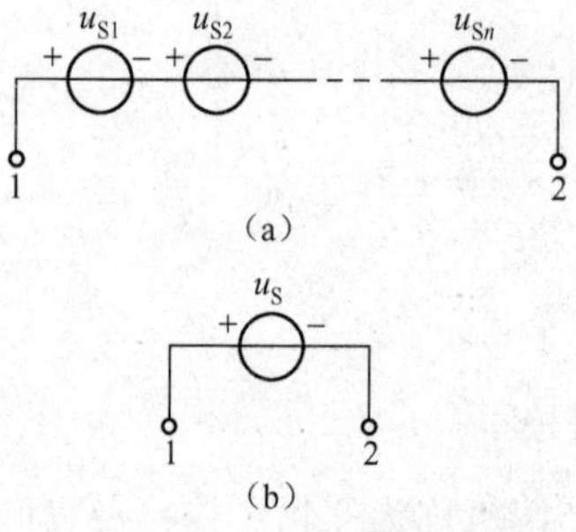

（a）

（b）

图 1-33　电压源的串联

$$u_S = u_{S1} + u_{S2} + \cdots + u_{Sn} = \sum_{k=1}^{n} u_{Sk}$$

如果 u_{Sk} 的参考方向与图 1-33（b）中 u_S 的参考方向一致时，式中 u_{Sk} 的前面取"+"号，不一致时取"-"号。

图 1-34（a）所示为 n 个电流源的并联，可以用一个等效电流源代替。等效电流源的激励电流为

$$i_S = i_{S1} + i_{S2} + \cdots + i_{Sn} = \sum_{k}^{n} i_{Sk}$$

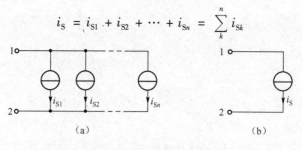

（a）　　　　　　　　（b）

图 1-34　电流源的并联

如果 i_{Sk} 的参考方向与图 1-34（b）中 i_S 的参考方向一致时，式中 i_{Sk} 的前面取"+"号，不一致时取"-"号。

只有激励电压相等且极性一致的电压源才允许并联，否则违背 KVL 定律。其等效电路为其中任一电压源，但是这个并联组合向外部提供的电流在各个电压源之间如何分配则无法确定。

只有激励电流相等且方向一致的电流源才允许串联，否则违背 KCL 定

律。其等效电路为其中任一电流源,但是这个串联组合的总电压如何在各个电流源之间分配则无法确定。

6. 电压源与电流源的等效变换

图 1-35(a)所示为一个实际直流电源,如一个电池;图 1-35(b)是它的输出电压 u 与输出电流 i 的伏安特性曲线。可见电压 u 随电流 i 的增大而减小,而且不呈线性关系。电流 i 不可超过一定的限值,否则会导致电源损坏。不过在一段范围内电压和电流的关系近似为直线。如果把这一段直线加以延长而作为该电源的外特性曲线,如图 1-35(c)所示,可以看出,它在 u 轴和 i 轴上各有一个交点,前者相当于 $i=0$ 时的电压,即开路电压 U_{OC};后者相当于 $u=0$ 时的电流,即短路电流 I_{SC}。根据此伏安特性,可以用电压源和电阻的串联组合或电流源和电导的并联组合作为实际电源的电路模型。

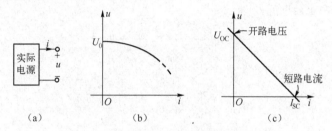

图 1-35 实际电源的伏安特性曲线

图 1-36(a)所示为电压源 U_S 和电阻 R_S 的串联组合,在端子 1-1′ 处的电压 u 与(输出)电流 i 的关系为

$$u = U_S - R_S i \tag{1-29}$$

图 1-36(c)所示为电流源 I_S 与电导 G_S 的并联组合,在端子 1-1′ 处的电压 u 与(输出)电流 i 的关系为

$$i = I_S - G_S u \tag{1-30}$$

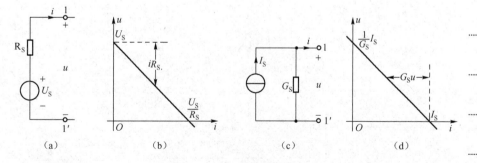

图 1-36 电源的两种电路模型

如果令

$$G_S = \frac{1}{R_S}, \ I_S = G_S U_S \tag{1-31}$$

式(1-29)和式(1-30)所示的两个方程将完全相同,也就是在端子

1-1′处的 u 和 i 的关系将完全相同。式（1-31）就是这两种组合彼此对外等效必须满足的条件（注意 U_S 和 I_S 的参考方向，I_S 的参考方向由 U_S 的负极指向正极）。

图1-36（b）和（d）分别示出了图1-36（a）和（c）所示电路在 $i-u$ 平面上的伏安特性，它们都是一条直线。当式（1-31）的条件满足时，它们将是同一条直线。

这种等效变换仅保证端子 1-1′ 外部电路的电压、电流和功率相同（即只是对外部等效），对内部并无等效可言。例如，端子 1-1′ 开路时，两电路对外均不发出功率，但此时电压源发出的功率为零，电流源发出功率为 $\dfrac{I_S^2}{G_S}$。反之，短路时，电压源发出的功率为 $\dfrac{U_S^2}{R_S}$，电流源发出的功率为零。

【例1-7】 试用电压源与电流源等效变换的方法计算图1-37所示电路中 1Ω 电阻上的电流 I。

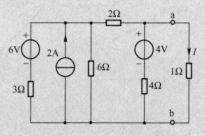

图1-37　例1-7的电路

解 根据图1-38（a）、（b）、（c）、（d）所示的变换顺序，最后化简为图1-38（e）所示的电路，由分流公式可得

$$I = \frac{2}{2+1} \times 3 = 2 \ (\text{A})$$

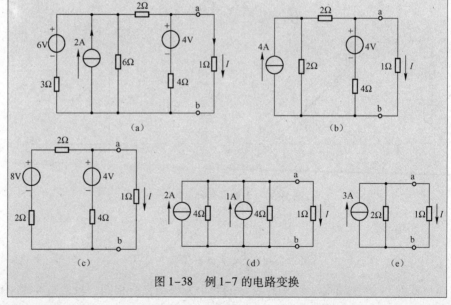

图1-38　例1-7的电路变换

【例1-8】　求图1-39（a）所示电路中电流 I。

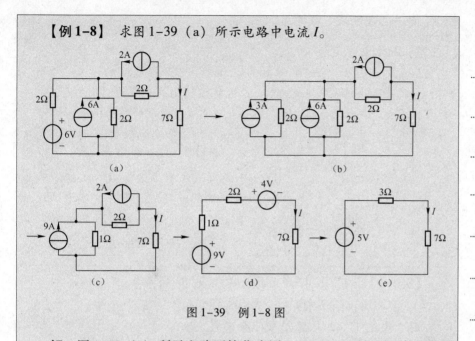

图 1-39　例 1-8 图

　　解　图 1-39（a）所示电路可简化为图 1-39（d）所示的单回路电路。简化过程如图 1-39（b）、（c）、（d）、（e）所示。由化简后的电路可求得电流为

$$I = \frac{5}{3+7}A = 0.5A$$

*7. 受控电源

　　受控（电）源又称为"非独立"电源。受控电压源的激励电压或受控电流源的激励电流与独立电压源的激励电压或独立电流源的激励电流有所不同，后者是独立量，而前者则受电路中某部分电压或电流控制。

　　双极型晶体管的集电极电流受基极电流控制，运算放大器的输出电压受输入电压控制，所以这类器件的电路模型中要用到受控源。

　　受控电压源或受控电流源根据控制量是电压或电流可分为电压控制电压源（VCVS）、电压控制电流源（VCCS）、电流控制电压源（CCVS）和电流控制电流源（CCCS）。这 4 种受控源的图形符号如图 1-40 所示。为了与独立电源相区别，用菱形符号表示其电源部分。图 1-40 中 u_1 和 i_1 分别表示控制电压和控制电流，μ、r、g 和 β 分别是有关的控制系数，其中 μ 和 β 是量纲为 1 的量，r 和 g 分别具有电阻和电导的量纲。这些系数为常数时，被控制量和控制量成正比，这种受控源为线性受控源。本书只考虑线性受

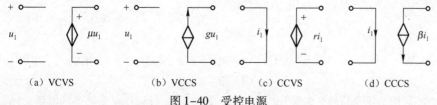

(a) VCVS　　　　(b) VCCS　　　　(c) CCVS　　　　(d) CCCS

图 1-40　受控电源

控源，故一般将略去"线性"二字。

【注意】 独立电源是电路中的"输入"，它表示外界对电路的作用，电路中电压或电流是由于独立电源起的"激励"作用而产生的。受控源则不同，它用来反映电路中某处的电压或电流能控制另一处的电压或电流这一现象，或表示一处的电路变量与另一处电路变量之间的一种耦合关系。

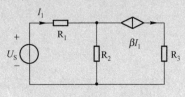

图 1-41　电路中的受控源

另外，当受控源作为元件在电路中出现时，不一定按图 1-40 所示的画法绘制，通常不必把输入端钮和输出端钮画在一起，但是在电路中必须标明受控源的符号和控制量的位置及其参考方向，如图 1-41 所示。

【例 1-9】　在图 1-42 所示的电路中，$i_S = 2A$，VCCS 的控制系数 $g = 2A/V$，求 u。

解　由图 1-42 左部先求控制电压 u_1，$u_1 = 5i_S = 10V$；故 $u = 2gu_1 = 2 \times 2 \times 10 = 40V$。

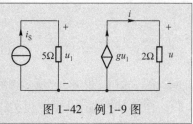

图 1-42　例 1-9 图

对含有受控源的简单电路，也可应用等效的概念化简分析。因为受控源除了它的电压或电流受电路中其他支路电压或电流控制这一点外，在端钮上的特性与独立源没有区别，所以受控源在等效变换时，可以像独立源一样来处理，唯一要注意的是，在化简过程中不要把受控源的控制量消除掉。

1.3.2　电路的基本分析方法

1. 支路电流法

支路电流法是求解复杂电路最基本的方法。它是以支路电流为求解对象，直接应用基尔霍夫定律，分别对节点和回路列出所需要的方程组，然后解出各支路电流。

现以图 1-43 所示的电路为例（$E_1 = 140V$，$E_2 = 90V$，$R_1 = 20\Omega$，$R_2 = 5\Omega$，$R_3 = 6\Omega$），介绍支路电流法的解题步骤。

首先在电路中标出各支路电流的参考正方向，然后应用基尔霍夫电流定律和电压定律列出节点电流和回路电压方程式。

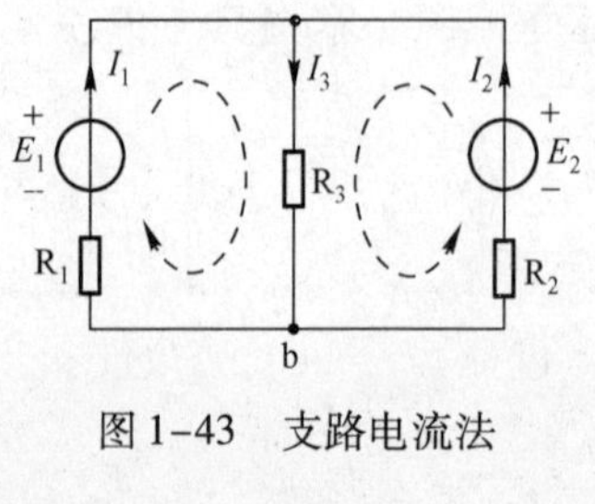

对节点 a：$I_1 + I_2 - I_3 = 0$　　　　(1-32)

对节点 b：$I_3 - I_1 - I_2 = 0$

很显然，此式是不独立的，它可由式 (1-32) 得到。

一般来说，对具有 n 个节点的电路，所能

图 1-43　支路电流法

列出的独立节点方程为 $(n-1)$ 个。因为本电路有两个节点，所以独立的节点方程为 $2-1=1$ 个。

为了列出独立的回路电压方程，一般选电路中的网孔列回路方程。该电路有两个网孔，每个网孔的循行方向如图1-43中虚线箭头所示。

左侧网孔的回路电压方程为

$$E_1 = I_1 R_1 + I_3 R_3 \qquad (1-33)$$

右侧网孔的回路电压方程为

$$E_2 = I_2 R_2 + I_3 R_3 \qquad (1-34)$$

该电路有3条支路，因此有3个支路电流为未知量，以上列出的独立节点方程和回路方程也是3个，所以将式（1-32）、式（1-33）、式（1-34）联立求解，即可求出各支路电流。

一般而言，如果一个电路有 b 条支路，n 个节点，那么独立的节点方程为 $(n-1)$ 个，网孔回路电压方程应有 $b-(n-1)$ 个，所得到的独立方程总数为 $(n-1)+b-(n-1)=b$ 个，即能求出 b 个支路电流。

最后，代入数据，求解支路电流

$$I_1 + I_2 - I_3 = 0$$
$$140 = 20I_1 + 6I_3$$
$$90 = 5I_2 + 6I_3$$

解得 $I_1 = 4\text{A}$，$I_2 = 6\text{A}$，$I_3 = 10\text{A}$。

支路电流法是分析电路的基本方法，在需要求解电路的全电流时，均可采用此方法。但如果只需要求出某一条支路的电流，用支路法去计算就会比较烦琐。当电路的支路数比较多时，可以选用下面将介绍的较简便的方法。

【例1-10】 在图1-44所示的电路中，已知 $U_{S1} = 12\text{V}$，$U_{S2} = 12\text{V}$，$R_1 = 1\Omega$，$R_2 = 2\Omega$，$R_3 = 2\Omega$，$R_4 = 4\Omega$，求各支路电流。

解 选择各支路电流的参考方向和回路方向，如图1-44所示。列出如下节点和回路方程式。

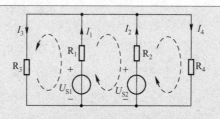

图1-44 例1-10的图

上节点方程 $\qquad I_1 + I_2 - I_3 - I_4 = 0$

左网孔方程 $\qquad R_1 I_1 + R_3 I_3 - U_{S1} = 0$

中网孔方程 $\qquad R_1 I_1 - R_2 I_2 - U_{S1} + U_{S2} = 0$

右网孔方程 $\qquad R_2 I_2 + R_4 I_4 - U_{S2} = 0$

代入数据

$$I_1 + I_2 - I_3 - I_4 = 0$$
$$I_1 + 2I_3 - 12 = 0$$
$$I_1 - 2I_2 - 12 + 12 = 0$$
$$2I_2 + 4I_4 - 12 = 0$$

解得 $\qquad I_1 = 4\text{A}$，$I_2 = 2\text{A}$，$I_3 = 4\text{A}$，$I_4 = 2\text{A}$

2. 叠加定理

叠加定理在线性电路的分析中起着重要的作用，它是分析线性电路的基础，它反映在两方面：可加性与齐次性。

【叠加定理】 *在线性电阻电路中，某处电压或电流都是电路中各个独立电源单独作用时在该处分别产生的电压或电流的叠加。*

在图1-45（a）所示的电路中，有两个独立电源作为电路中的激励，求作为电路中响应的电流 i_2 与电压 u_1。

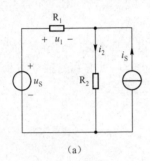
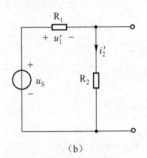
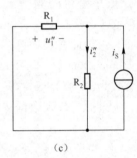

| (a) | (b) | (c) |

图1-45 叠加定理分解图

根据 KCL、KVL 与 VCR 可列出以 i_2 为未知量的方程：$u_S = R_1(i_2 - i_S) + R_2 i_2$，从而解得：

$$i_2 = \frac{u_S}{R_1 + R_2} + \frac{R_1 i_S}{R_1 + R_2} \left.\begin{matrix}\\\\\end{matrix}\right\} \tag{1-35}$$
$$u_1 = \frac{R_1 u_S}{R_1 + R_2} + \frac{R_1 R_2 i_S}{R_1 + R_2}$$

式（1-35）中，i_2、u_1 都分别是 u_S 和 i_S 的线性组合。可将其改写为

$$i_2 = i_2' + i_2'' \left.\begin{matrix}\\\\\end{matrix}\right\} \tag{1-36}$$
$$u_1 = u_1' + u_1''$$

其中：

$$i_2' = \frac{u_S}{R_1 + R_2} = i_2\Big|_{i_S = 0} , \quad i_2'' = \frac{R_1 i_S}{R_1 + R_2} = i_2\Big|_{u_S = 0}$$

$$u_1' = \frac{R_1 u_S}{R_1 + R_2} = u_1\Big|_{i_S = 0} , \quad u_1'' = \frac{R_1 R_2 i_S}{R_1 + R_2} = u_1\Big|_{u_S = 0}$$

式中，i_2' 与 u_1' 为将原电路中电流源 i_S 置零时的响应，即由 u_S 单独作用的分电路中所产生的电流、电压分响应，如图1-45（b）所示；i_2'' 与 u_1'' 为将原电路中电压源 u_S 置零后由 i_S 单独作用的分电路中所产生的电流、电压分响应，如图1-45（c）所示。原电路的响应则为相应分电路中分响应的和，这就是叠加定理。

【注意】 使用叠加定理时应注意以下4点。

（1）叠加定理适用于线性电路，不适用于非线性电路。

（2）在叠加的各分电路中，不作用的电压源置零，在电压源处用短路代替。不作用的电流源置零，在电流源处用开路代替。电路中所有电阻都不予改动。含受控源时，则保留在各分电路中。

（3）叠加时，各分电路中的电压和电流的参考方向可以取为与原电路中的相同。取代数和时，应注意各分量前的"＋"、"－"号。

（4）原电路的功率不等于按各分电路计算所得功率的叠加，这是因为功率是电压和电流的乘积，与激励不呈线性关系。

【例1-11】 试用叠加定理计算图1-46（a）所示电路中的 U_1 与 I_2。

解 画出电压源与电流源分别作用时的分电路，如1-46图（b）与（c）所示。对图1-46（b）有：

$$U_1' = \frac{20}{20+20} \times 20 - \frac{30}{20+30} \times 20 = -2\,(\text{V})$$

$$I_2' = \frac{20}{20+20} = 0.5\,(\text{A})$$

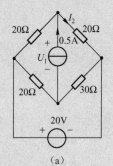
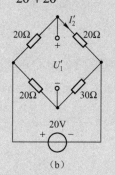
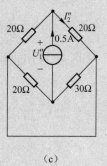

图1-46 例1-11图

对图1-46（c）有：

$$U_1'' = \left(\frac{20\times20}{20+20} + \frac{20\times30}{20+30}\right) \times 0.5 = 11\,(\text{V})$$

$$I_2'' = \frac{20}{20+20} \times 0.5\text{A} = 0.25\,(\text{A})$$

原电路的总响应为

$$U_1 = U_1' + U_1'' = -2 + 11 = 9\,(\text{V})$$

$$I_2 = I_2' + I_2'' = 0.5 + 0.25 = 0.75\,(\text{A})$$

显然，由于使用了叠加定理，本题的求解得以简化。

齐性定理：在线性电路中，当所有激励（电压源和电流源）都同时增大或缩小 K 倍（K 为实常数）时，响应（电压和电流）也将同样增大或缩小 K 倍。它不难从叠加定理推得。应注意，这里的激励是指独立电源，并且必须全部激励同时增大或缩小 K 倍，否则将导致错误的结果。显然，当电路中只有一个激励时，响应必与该激励成正比。

3. 戴维南定理与诺顿定理

任何一个有源二端线性网络，如图1-47（a）所示，都可以用一个电动势为 E 的理想电压源和内阻 R_0 串联的电源来等效代替，如图1-47（b）所示，等效电源的电动势 E 就是有源二端网络的开路电压 U_{oc}，即将负载断开后 a、b 两端之间的电压。等效电源的内阻 R_0 等于有源二端网络中所有电源均

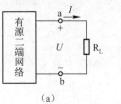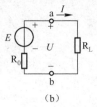

图1-47 等效电源

除去（将各个理想电压源短路，即其电动势为零；将各个理想电流源开路，即其电流为零）后所得到的无源网络 a、b 两端之间的等效电阻。这就是戴维南定理。

图1-47（b）所示的等效电路是一个最简单的电路，其中电流可由下式计算。

$$I = \frac{E}{R_0 + R_L} \tag{1-37}$$

等效电源的电动势和内阻可经过实验或计算得出。

【例1-12】 用戴维南定理计算图1-48（a）中的支路电流 I_3（$E_1 = 140V$，$E_2 = 90V$，$R_1 = 20\Omega$，$R_2 = 5\Omega$，$R_3 = 6\Omega$）。

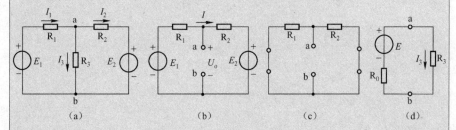

图1-48 例1-12的图

解 （1）等效电源的电动势 E 可由图1-48（b）求得

$$I = \frac{E_1 - E_2}{R_1 + R_2} = \frac{140 - 90}{20 + 5} = 2(A)$$

于是　　　　$E = U_0 = E_1 - R_1 I = 140 - 20 \times 2 = 100(V)$

或　　　　$E = U_0 = E_2 + R_2 I = 90 + 5 \times 2 = 100(V)$

（2）等效电源的内阻 R_0 可由图1-48（c）求得

$$R_0 = \frac{R_1 R_2}{R_1 + R_2} = \frac{20 \times 5}{20 + 5} = 4(\Omega)$$

（3）对 a 和 b 两端来讲，R_1 和 R_2 是并联的。因此，图1-48（a）可等效为图1-48（d）。

所以　　　　$I_3 = \frac{E}{R_0 + R_3} = \frac{100}{4 + 6} = 10(A)$

诺顿定理是将一个有源二端网络等效为电流源的定理。对于此定理，本书不做详细介绍。如果需要将一个有源二端网络等效为一个电流源，可先应用戴维南定理将其等效为电压源，然后应用电源的等效变换方法将电压源变换为电流源即可。

1.4　非线性电阻电路的分析

前面所介绍的电路元件都是线性元件，它们的参数值不随元件两端电压或元件中的电流变化而变化。对于某些电阻元件，如电灯一类的负载，其电阻值也是随工作电压或电流变化而变化的，只是在工程误差允许的范围内，仍然将其看做线性电阻，即它的电阻值为常数。

还有一些非线性电阻元件，它们的非线性不可以忽略。因此有必要研究非线性电阻电路。非线性电阻的电路符号如图 1-49 所示。非线性电阻的伏安特性可表示为 $U=f(I)$ 或 $I=f(U)$，其伏安特性曲线是通过实验得到的。

图 1-49　非线性电阻

1.4.1　非线性电阻的电阻值

非线性电阻的电阻值有两种表示方法。一种是静态电阻（或称为直流电阻），它等于工作点 Q 的电压与电流之比，即

$$R=\frac{U}{I}\propto\tan\alpha$$

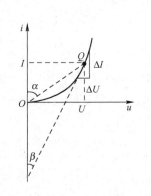

图 1-50　二极管伏安特性曲线

图 1-50 所示为常见的半导体二极管伏安特性曲线，其方程式为

$$I=I_{\mathrm{S}}(e^{\frac{U}{U_{\mathrm{T}}}}-1)=f(U)\qquad(1\text{-}38)$$

式中，I_{S} 为二极管反向饱和电流（常数）；U_{T} 为温度电压当量（室温下均为 26mV）。

设直流状态下，二极管压降为 U，电流为 I，即工作点为 $Q(U,I)$。显然，R 是随工作点不同而变化的。

另一种是动态电阻（或称为交流电阻），它等于工作点 Q 附近的电压微变量与电流微变量之比的极限，即

$$r=\lim_{\Delta I\to 0}\frac{\Delta U}{\Delta I}=\frac{\mathrm{d}U}{\mathrm{d}I}\propto\tan\beta\qquad(1\text{-}39)$$

式中，β 是过 Q 点的切线与纵轴的夹角。

显然，动态电阻不等于静态电阻，并且也随工作点的不同而变化。描述非线性电阻时，以上两种电阻都是必须的。

1.4.2　图解法

由于非线性电阻的电阻值不是常数，常常无法用确切的函数表示，所以在分析与计算非线性电阻电路时一般都采用图解法。

图1-51所示的是一个非线性电阻电路，非线性电阻R的伏安特性曲线如图1-52所示，依照KVL有

$$U = U_S - R_0 I \tag{1-40}$$

或

$$I = \frac{U_S}{R_0} - \frac{1}{R_0} U \tag{1-41}$$

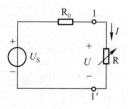

图1-51　非线性电阻电路

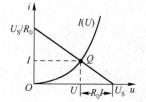

图1-52　非线性电阻的伏安特性曲线

上述两式是描述端钮1-1′左侧线性电阻电路的直线方程，它所对应的直线称为负载线。静态工作点是该直线与非线性电阻的伏安特性曲线之交点Q。只有在此交点处，才能使端钮1-1′的电压、电流既符合左侧的线性部分的伏安特性，又符合右侧的非线性部分的伏安特性。

【例1-13】　求图1-53（a）电路的工作点Q。图1-53（b）是非线性电阻R的伏安特性曲线。

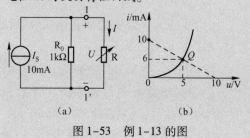

（a）　　　　　　　　（b）

图1-53　例1-13的图

解　根据KCL，有

$$I = I_S - \frac{1}{R_0} U$$

式中，电压的单位为V，电流的电位为mA。通过在图1-53（b）上作图，得到

$$U = 5V, \quad I = 6mA$$

✓⁺ 小结

一、基本要求

1. 牢固掌握电路模型、理想电路元件的概念。

2. 深刻理解电流、电压、电功率和电能的物理意义，牢固掌握各量之间的关系式，深刻理解参考方向的概念。

3. 牢固掌握基尔霍夫电流定律、基尔霍夫电压定律和电路元件（电

阻、电容、电感、电压源、电流源）的电压－电流关系。

4. 掌握分析、计算电阻、电压源、电流源的电流、电压和功率的方法，能根据两类约束关系计算各种回路电路。

5. 深刻理解网络等效变换的概念，能熟练地进行电阻串、并联的计算。

6. 牢固掌握两种电源模型的等效变换和有源支路的串、并联。理解受控源的概念。

7. 能熟练地利用支路电流法求解电路。

8. 深刻理解叠加定理、戴维南定理和诺顿定理，并能熟练运用。

9. 理解非线性电阻的概念。掌握简单非线性电阻电路的计算方法。

二、内容提要

1. 电路理论分析的对象是实际电路的模型，它是由理想电路元件构成的。理想电路元件是从实际电路中抽象出来的理想化模型，可用数学公式精确地定义。

2. 电流、电压是电路的基本物理量，它们分别用下列公式定义：

电流：$i = \dfrac{\mathrm{d}q}{\mathrm{d}t}$，方向为正电荷运动的方向，单位为 A。

电压：$u = \dfrac{\mathrm{d}W}{\mathrm{d}q}$，方向为电位降低的方向，单位为 V。

3. 参考方向是人为规定的电路中电流或电压数值为正的方向，电路理论中的电流或电压都是对应于所选参考方向的代数量。电流和电压的参考方向一致时，称为关联参考方向。

4. 功率 P 是电路中常用的一个主要物理量，当电流和电压为关联参考方向时，$P = UI$；为非关联方向时，$P = -UI$。计算结果为正值时，支路吸收功率；为负值时，支路提供功率。功率的单位为 W。

5. 元件的电压－电流关系表明了元件电流、电压必须遵守的规定，又称为元件的约束关系。

（1）电阻元件：当电流、电压为关联参考方向时，其电压－电流关系为 $u = Ri$，称为欧姆定律。电阻元件的伏安特性曲线是 $u-i$ 平面上通过原点的一条直线。电阻是耗能元件，其功率计算公式为

$$P = i^2 R = \frac{u^2}{R}$$

（2）电压源：电压是给定的时间函数，电流由其外电路决定。直流电压源的伏安特性曲线是 $u-i$ 平面上与 i 轴平行且 u 轴坐标为 U_S 的一条直线。

（3）电流源：电流是给定的时间函数，电压由其外电路决定。直流电流源的伏安特性曲线是 $u-i$ 平面上与 u 轴平行且 i 轴坐标为 I_S 的一条直线。

6. 短路与开路：短路（即 $R = 0$）与零电压源相当；开路（$R = \infty$）与零电流源相当。

7. 实际直流电源的模型：

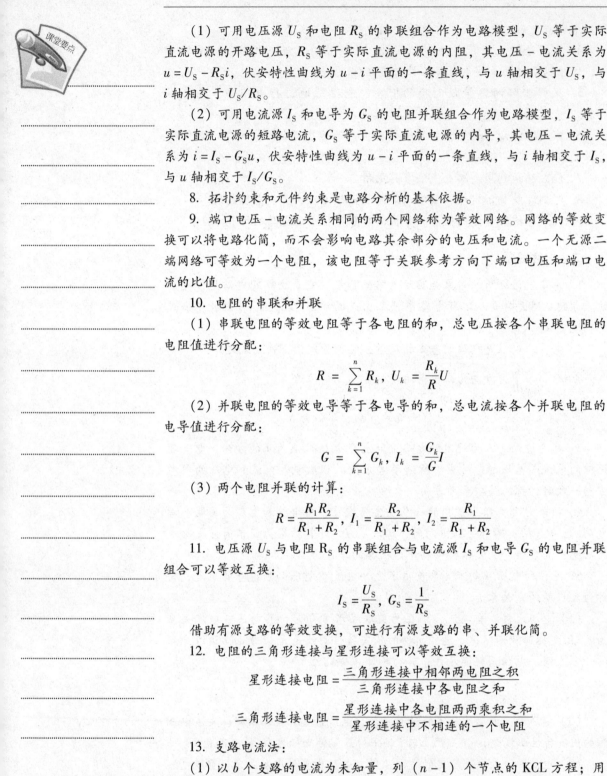

（1）可用电压源 U_S 和电阻 R_S 的串联组合作为电路模型，U_S 等于实际直流电源的开路电压，R_S 等于实际直流电源的内阻，其电压 – 电流关系为 $u = U_S - R_S i$，伏安特性曲线为 $u - i$ 平面的一条直线，与 u 轴相交于 U_S，与 i 轴相交于 U_S/R_S。

（2）可用电流源 I_S 和电导为 G_S 的电阻并联组合作为电路模型，I_S 等于实际直流电源的短路电流，G_S 等于实际直流电源的内导，其电压 – 电流关系为 $i = I_S - G_S u$，伏安特性曲线为 $u - i$ 平面的一条直线，与 i 轴相交于 I_S，与 u 轴相交于 I_S/G_S。

8. 拓扑约束和元件约束是电路分析的基本依据。

9. 端口电压 – 电流关系相同的两个网络称为等效网络。网络的等效变换可以将电路化简，而不会影响电路其余部分的电压和电流。一个无源二端网络可等效为一个电阻，该电阻等于关联参考方向下端口电压和端口电流的比值。

10. 电阻的串联和并联

（1）串联电阻的等效电阻等于各电阻的和，总电压按各个串联电阻的电阻值进行分配：

$$R = \sum_{k=1}^{n} R_k, \quad U_k = \frac{R_k}{R}U$$

（2）并联电阻的等效电导等于各电导的和，总电流按各个并联电阻的电导值进行分配：

$$G = \sum_{k=1}^{n} G_k, \quad I_k = \frac{G_k}{G}I$$

（3）两个电阻并联的计算：

$$R = \frac{R_1 R_2}{R_1 + R_2}, \quad I_1 = \frac{R_2}{R_1 + R_2}, \quad I_2 = \frac{R_1}{R_1 + R_2}$$

11. 电压源 U_S 与电阻 R_S 的串联组合与电流源 I_S 和电导 G_S 的电阻并联组合可以等效互换：

$$I_S = \frac{U_S}{R_S}, \quad G_S = \frac{1}{R_S}$$

借助有源支路的等效变换，可进行有源支路的串、并联化简。

12. 电阻的三角形连接与星形连接可以等效互换：

$$星形连接电阻 = \frac{三角形连接中相邻两电阻之积}{三角形连接中各电阻之和}$$

$$三角形连接电阻 = \frac{星形连接中各电阻两两乘积之和}{星形连接中不相连的一个电阻}$$

13. 支路电流法：

（1）以 b 个支路的电流为未知量，列 $(n-1)$ 个节点的 KCL 方程；用支路电流表示电阻电压，列 $[b-(n-1)]$ 个回路的 KVL 方程。

（2）联立求解 b 个方程，得到支路电流，然后再求其余电压。

14. 叠加定理：在线性电路中，任意支路的响应等于每个独立源单独作用在此支路产生的响应的代数和（不作用的电压源用短路代替，不作用的电流源用开路代替)。

15. 戴维南定理和诺顿定理：含独立源的二端网络，对其外部而言，一般可用电压源与电阻串联组合或电流源与电阻并联组合等效。电压源的电压等于网络的开路电压 U_{OC}，电流源的电流等于网络的短路电流 I_{SC}，电阻 R_0 等于网络为无源后的等效电阻。

16. 受控源也是一种电源，其特点是其提供的电压或电流受电路中其他支路电压或电流的控制，因而不能作为独立的激励。含受控源的简单电路的分析方法：

(1) 分析含受控源的简单电路与分析不含受控源的电路方法相同，只需注意把控制量用准备求解的变量表示即可。

(2) 含受控源而不含独立源的二端网络可等效为一个电阻；含受控源与独立源的二端网络一般情况下可等效为电压源与电阻串联组合，也可等效为电流源与电阻并联组合。它们都可用外加电源计算端口 VCR 的方法求等效电路。

(3) 受控电压源与电阻串联组合或受控电流源与电阻并联组合可以等效变换，但变换时必须注意不要消去控制量，只有在把控制量转化为不会被消去的量后才能进行等效变换。

17. 非线性电阻元件的伏安特性曲线不是直线，电阻值不是常量，而随电压或电流的改变而改变。掌握图解法求解含非线性电阻元件的简单电路。

18. 由于欧姆定律不适用于非线性电阻，叠加定理不适用于非线性电路，所以以前介绍的线性电路的分析计算方法一般不适用于非线性电路。KCL 及 KVL 与元件性质无关，仍是分析、计算非线性电路的依据。图解法是根据 KCL 及 KVL，借助于非线性元件伏安特性曲线，用作图方法求解电路的一种方法，它是分析简单非线性电路的常用方法之一。

✓⁺ 练习题 1

1. 在图 1-54 中，5 个元件代表电源或负载。电流和电压的参考方向如图中所示，通过实验测知

$$I_1 = 4A, \ I_2 = 6A, \ I_3 = 10A$$
$$U_1 = 140V, \ U_2 = -90V, \ U_3 = 60V,$$
$$U_4 = -80V, \ U_5 = 30V$$

(1) 试在图中标出各电流和电压的实际方向。

(2) 判断这 5 个元件中哪几个是电源？哪几个是负载？

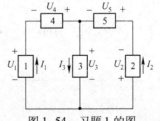

图 1-54　习题 1 的图

(3) 计算各元件的功率，电源发出的功率与负载取用的功率是否平衡？

2. 两只白炽灯泡，额定电压均为 110V，甲灯泡的额定功率 $P_{N_1} = 60W$，乙灯泡的额定功率 $P_{N_2} = 100W$。如果把甲、乙两灯泡串联，接在

220V 的电源上，试计算每个灯泡的电压为多少？并说明这种接法是否正确？

3. 在电池两端接上电阻 $R_1 = 14\Omega$ 时，测得电流 $I_1 = 0.4A$；若接上电阻 $R_2 = 23\Omega$ 时，测得电流 $I_2 = 0.35A$。求此电池的电动势 E 和内阻 R_0。

4. 在图 1-55 所示的直流电路中，已知理想电压源的电压 $U_S = 3V$，理想电流源 $I_S = 3A$，电阻 $R = 1\Omega$。求：（1）理想电压源的电流和理想电流源的电压；（2）讨论电路的功率平衡关系。

5. 在图 1-56 所示的电路中，$U_{CC} = 6V$，$R_C = 2k\Omega$，$I_C = 1mA$，$R_B = 270k\Omega$，$I_B = 0.02mA$，e 的电位 V_e 为零。求 a、b、c 三点的电位。

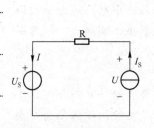
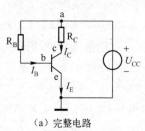
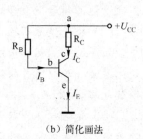

图 1-55　习题 4 的图　　　　　　　　图 1-56　习题 5 的图

6. 试求图 1-57 中 a、b 两点间的等效电阻 R_{ab}。

7. 求图 1-58 所示电路的戴维南等效电路。

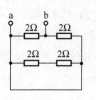
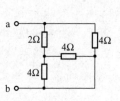
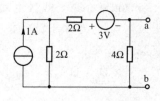

图 1-57　习题 6 的图　　　　　　　　图 1-58　习题 7 的图

8. 用电源等效变换法求图 1-59 中的电压 U_{AB}。

9. 电路如图 1-60 所示，试求各支路电流。

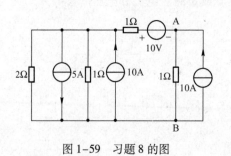
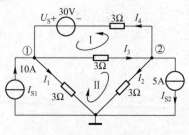

图 1-59　习题 8 的图　　　　　　　　图 1-60　习题 9 的图

10. 电路如图 1-61 所示，用支路电流法求①点电位 U_1 及②点的电位 U_2 的大小。

11. 用叠加原理求图 1-62 所示电路中的 I_x。

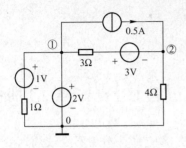
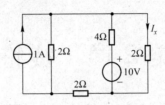

图 1-61　习题 10 的图　　　　图 1-62　习题 11 的图

12. 用戴维南定理求图 1-63 所示电路中的电流 I_2。

13. 求图 1-64 所示电路中的电流 I。

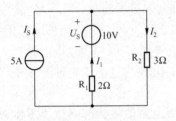
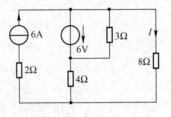

图 1-63　习题 12 的图　　　　图 1-64　习题 13 的图

14. 非线性电阻的伏安特性如图 1-65 所示。已知该电阻两端的电压为 3V，求通过该电阻的电流，以及动态电阻和静态电阻。

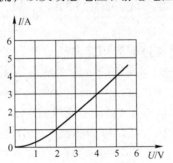

图 1-65　习题 14 的图

第2章 线性电路的暂态分析

在第1章分析的直流电路中，所有响应都是恒稳不变或周期变化的。电路的这种工作状态称为稳定状态，简称稳态。当电路的结构或元件的参数发生改变时，可能使电路由原来的稳定状态转变到另一个稳定状态。这种改变一般不能即时完成，需要一个过程，这个过程称为电路的过渡过程。过渡过程是一种瞬态，它是电气工程人员经常遇到的问题。

研究电路的过渡过程有着重要的实际意义，一方面是为了便于利用它，以实现某种技术目的，如在电子技术中大量应用了 RC 充/放电电路；另一方面则是为了对某些电路在过渡过程中可能出现的过电压、过电流获得预见，以便采取措施加以防止。

本章主要讨论利用经典法求解动态一阶电路的零状态响应、零输入响应和全响应，以及求解一阶电路的三要素法。

✓ 2.1 换路定理和初始条件的计算

分析一阶电路的过渡过程需用经典法求解一阶常微分方程，因此必须根据电路的初始条件来确定其解的待定系数。所谓初始条件，就是指电路中所求变量（电压或电流）在 $t = 0_+$ 时刻的值，也称为初始值，其中除独立电源的初始值外，电容电压 $u_C(t)$ 和电感电流 $i_L(t)$ 的初始值，即 $u_C(0_+)$ 和 $i_L(0_+)$ 称为独立的初始值，其余称为非独立的初始条件。

为了求解初始条件，需引入换路定理。所谓换路，是指上述电路结构或元件参数改变的统称，并认为换路是在 $t = 0$ 时刻进行的，且用 $t = 0_-$ 表示换路前一瞬间，$t = 0_+$ 表示换路后一瞬间，换路所经历的时间为 $t = 0_-$ 到 $t = 0_+$。

> 【换路定理】 在换路瞬间，电路中任意电容的电压 $u_C(t)$ 或电荷 $q(t)$ 不能突变，即
>
> $$u_C(0_+) = u_C(0_-) \tag{2-1}$$
>
> 或
>
> $$q(0_+) = q(0_-) \tag{2-2}$$
>
> 任意电感的电流 $i_L(t)$ 或磁链 $\Psi(t)$ 不能突变，即
>
> $$i_L(0_+) = i_L(0_-) \tag{2-3}$$
>
> 或
>
> $$\Psi(0_+) = \Psi(0_-) \tag{2-4}$$
>
> 因为对于线性电容来说，在任意时刻 t，其电荷和电压可写为

$$q(t) = q(t_0) + \int_{t_0}^{t} i_C(\xi)\,\mathrm{d}\xi$$

$$u_C(t) = u_C(t_0) + \frac{1}{C}\int_{t_0}^{t} i_C(\xi)\,\mathrm{d}\xi$$

式中，$u_C(t)$，$q(t)$ 和 i_C 分别表示电容的电压、电荷和电流。若令 $t_0 = 0_-$，$t = 0_+$，则

$$\left. \begin{aligned} q(0_+) &= q(0_-) + \int_{0_-}^{0_+} i_C(\xi)\,\mathrm{d}\xi \\ u_C(0_+) &= u_C(0_-) + \frac{1}{C}\int_{0_-}^{0_+} i_C(\xi)\,\mathrm{d}\xi \end{aligned} \right\} \qquad (2\text{-}5)$$

从式 (2-5) 中可以看出，若在换路前、后，电容电流 $i_C(t)$ 为有限值，式中右侧的积分项将为 0，此时电容上的电压和电荷就不发生突变，即

$$u_C(0_+) = u_C(0_-)$$

$$q(0_+) = q(0_-)$$

显然，对于 $t = 0_-$ 时不带电荷的电容来说，有 $u_C(0_-) = 0$，表明在换路一瞬间，电容相当于短路。而对于线性电感来说，其磁链 $\Psi(t)$ 和电流 $i_L(t)$ 可写为

$$\left. \begin{aligned} \Psi(t) &= \Psi(t_0) + \int_{0}^{t} u_L(\xi)\,\mathrm{d}\xi \\ i_L(t) &= i_L(t_0) + \frac{1}{L}\int_{t_0}^{t} u_L(\xi)\,\mathrm{d}\xi \end{aligned} \right\}$$

式中，$\Psi(t)$，$i_L(t)$，$u_L(t)$ 分别表示电感的磁链、电流和电压。若令 $t_0 = 0_-$，$t = 0_+$，则

$$\left. \begin{aligned} \Psi(0_+) &= \Psi(0_-) + \int_{0_-}^{0_+} u_L(\xi)\,\mathrm{d}\xi \\ i_L(0_+) &= i_L(0_-) + \frac{1}{L}\int_{0_-}^{0_+} u_L(\xi)\,\mathrm{d}\xi \end{aligned} \right\} \qquad (2\text{-}6)$$

从式 (2-6) 中可以看出，若在换路前、后，电感电压 $u_L(t)$ 为有限值，式中右侧积分项为 0，此时电感上的磁链和电流就不发生突变，即

$$\Psi(0_+) = \Psi(0_-) \qquad\qquad i_L(0_+) = i_L(0_-)$$

显然，对于 $t = 0_-$ 时电流为零的电感，在换路瞬间有 $i_L(0_-) = 0$，相当于断路。

　　换路定理表明电容电压或电感电流从一个数值到另一个数值必定是一个连续变化的过程。在随后的讨论中将看到，换路定理在暂态分析中的作用是为电路的微分方程的解提供初始条件。事实上，可以利用换路定理由电路在换路前一瞬间 $t = 0_-$ 时的电容电压 $u_C(t)$ 或电感电流 $i_L(t)$ 完全确定换路后一瞬间 $t = 0_+$ 时电路中的电压和电流。具体做法是，先求出 $t = 0_-$ 时电路中的电容电压 $u_C(0_-)$ 和电感电流 $i_L(0_-)$，利用换路定理，确定 $t = 0_+$ 时的电容电压 $u_C(0_+)$ 和 $i_L(0_+)$，再把电容或电感分别用电压源和电流源代

替，其值分别等于 $u_C(0_+)$ 和 $i_L(0_+)$，进而求得电路在换路后各支路电压或电流的初始值 $u(0_+)$ 和 $i(0_+)$。

【注意】 独立源则取 $t = 0_+$ 时的值。

【例 2-1】 在图 2-1 (a) 所示的电路中，直流电压源的电压 $U_S = 50\,\text{V}$，$R_1 = R_2 = 5\,\Omega$，$R_3 = 20\,\Omega$。电路原已达到稳态。在 $t = 0$ 时断开开关 S。试求 $t = 0_+$ 时的 i_L、u_C、u_{R_2}、u_{R_3}、i_C 和 u_L。

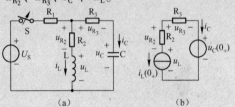

图 2-1　例 2-1 电路

解　(1) 确定独立初始值 $u_C(0_+)$ 及 $i_L(0_+)$。因为电路换路前已达稳态，所以电感元件如同短路（$u_L(0_-) = 0$），电容元件如同开路（$i_C(0_-) = 0$），故有：

$$i_L(0_-) = \frac{U_S}{R_1 + R_2} = \frac{50}{5 + 5} = 5\,(\text{A})$$

$$u_C(0_-) = R_2 i_L(0_-) = 5 \times 5 = 25\,(\text{V})$$

由换路定律得：

$$i_L(0_+) = i_L(0_-) = 5\,\text{A}$$

$$u_C(0_+) = u_C(0_-) = 25\,\text{V}$$

(2) 计算相关初始值。将图 2-1 (a) 中的电容 C 及电感 L 分别用等效电压源 $u_C(0_+)$ 及等效电流源 $i_L(0_+)$ 代替，则得 $t = 0_+$ 时的等效电路如图 2-1(b) 所示，从而可算出相关初始值，即

$$u_{R_2}(0_+) = R_2 i_L(0_+) = 5 \times 5 = 25\,(\text{V})$$

$$i_C(0_+) = -i_L(0_+) = -5\,\text{A}$$

$$u_{R_3}(0_+) = R_3 i_C(0_+) = 20 \times (-5) = -100\,(\text{V})$$

$$u_L(0_+) = -u_{R_2}(0_+) + u_{R_3}(0_+) + u_C(0_+)$$

$$= [-25 + (-100) + 25] = -100\,(\text{V})$$

由计算结果可以看出，相关初始值可能跃变，也可能不跃变。本例中，电容电流由零跃变到 $-5\,\text{A}$，电感电压由零跃变到 $-100\,\text{V}$，电阻 R_3 的电压由零跃变到 $-100\,\text{V}$，但电阻 R_2 的电压却并不跃变。

✓* 2.2　一阶电路的零输入响应

所谓一阶电路，就是只包含一个储能元件的电路。电路在没有外加激

励作用时的响应称为零输入响应。因此，零输入响应即是由电路中动态元件的初始储能即非零初始状态（$u_C(0_+)$ 或 $i_L(0_+)$ 不为零）引起的电路初始响应。首先讨论 RC 电路的零输入响应。

2.2.1　RC 电路的零输入响应

假设图 2-2（a）所示电路中的开关 S 置于 1 的位置，电路处于稳定状态，电容 C 已充电到 U_0。当 $t=0$ 时将开关 S 倒向 2 的位置，则已充电的电容 C 与电源脱离并开始向电阻 R 放电，如图 2-2（b）所示。由于此时已没有外界能量输入，只靠电容中的储能在电路中产生响应，所以这种响应为零输入响应。

在所选各量的参考方向下，由 KVL 得换路后的电路方程

$$-u_R + u_C = 0$$

元件的电压 - 电流关系为

$$u_R = Ri$$

$$i = -C\frac{\mathrm{d}u_C}{\mathrm{d}t} \qquad (2\text{-}7)$$

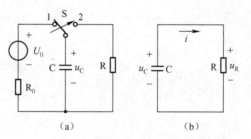

图 2-2　RC 电路的零输入响应

代入 KVL 方程得

$$RC\frac{\mathrm{d}u_C}{\mathrm{d}t} + u_C = 0 \qquad (t \geqslant 0_+) \qquad (2\text{-}8)$$

这就是决定 RC 电路零输入响应的方程，u_C 将由此方程解得。u_C 及 i 都是时间 t 的函数，应记做 $u_C(t)$、$i(t)$，简记为 u_C、i。式（2-8）是一阶常系数线性齐次常微分方程，它的通解为

$$u_C = Ae^{pt}$$

将其代入式（2-8），得特征方程

$$RCp + 1 = 0$$

解得特征根

$$p = -\frac{1}{RC}$$

所以

$$u_C = Ae^{-\frac{t}{RC}} \qquad (t \geqslant 0_+) \qquad (2\text{-}9)$$

积分常数 A 由电路的初始条件确定。由换路定律得

$$u_C(0_+) = u_C(0_-) = U_0 \qquad (2\text{-}10)$$

将其代入式（2-9）得

$$A = U_0$$

最后得到电容的零输入响应电压

$$u_C = U_0e^{-\frac{t}{RC}} \qquad (t \geqslant 0_+) \qquad (2\text{-}11)$$

可见换路后，图 2-2（b）所示电路中的电容电压以 U_0 为初始值按指数规律衰减。

将式（2-11）代入式（2-7），则有

$$i = -C\frac{\mathrm{d}u_C}{\mathrm{d}t} = \frac{U_0}{R}\mathrm{e}^{-\frac{t}{RC}} \qquad (t \geqslant 0_+) \qquad (2\text{-}12)$$

式（2-12）说明，电流 i 在 $t=0$ 瞬间，由零跃变到 $\frac{U_0}{R}$，随着放电过程的进行，电流也按指数规律衰减，最后趋于零。

u_C、u_R 及 i 随时间变化的曲线如图 2-3 所示。

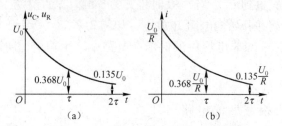

图 2-3 u_C、u_R 及 i 随时间变化的曲线

在式（2-11）、式（2-12）中，令

$$\tau = RC \qquad (2\text{-}13)$$

则有

$$u_C = U_0\mathrm{e}^{-\frac{t}{\tau}} \qquad (t \geqslant 0_+) \qquad (2\text{-}14)$$

$$i = \frac{U_0}{R}\mathrm{e}^{-\frac{t}{\tau}} \qquad (t \geqslant 0_+) \qquad (2\text{-}15)$$

采用 SI 单位时，有

$$[\tau] = [RC] = \Omega \cdot \mathrm{F} = \Omega \cdot \frac{\mathrm{C}}{\mathrm{V}} = \Omega \cdot \frac{\mathrm{A} \cdot \mathrm{s}}{\mathrm{V}} = \mathrm{s}$$

与时间单位相同，与电路的初始情况无关，所以将 $\tau = RC$ 称为 RC 电路的时间常数。

由式（2-14）还可以看出，从理论上讲，$t = \infty$ 时 u_C 才衰减为零；实际上，经历 5τ 的时间，u_C 已衰减为 $U_0\mathrm{e}^{-5} = 0.007U_0$，即为初始值的 0.7%。可以认为经过 5τ 后，过渡过程即已结束。所以，电路的时间常数决定了零输入响应衰减的快慢，时间常数越大，衰减越慢，放电持续的时间越长。

实际电路中，适当选择 R 或 C 就可改变电路的时间常数，以控制放电的快慢，图 2-4 给出了 RC 电路在 3 种不同 τ 下电压 u_C 随时间变化的曲线。

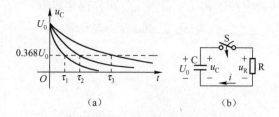

图 2-4 不同 τ 值下的 u_C 曲线

在放电过程中，电容不断放出能量，电阻则不断消耗能量，最后，原来储存在电容中的电场能量全部被电阻吸收而转换成热能。

【例 2-2】 一组 $C = 40\mu F$ 的电容器从高压电路断开，断开时电容器电压 $U_0 = 10/\sqrt{3} = 5.77kV$；断开后，电容器经它本身的漏电阻放电。若电容器的漏电阻 $R = 100M\Omega$，试问断开后经过多长时间，电容器的电压衰减为 1kV？

解 电路的时间常数为

$$\tau = RC = 100 \times 10^6 \Omega \times 40 \times 10^{-6}F = 4000s$$

按式（2-14）有

$$u_C = U_0 e^{-\frac{t}{\tau}} = 5.77e^{-\frac{t}{4000}}\,kV \qquad (t \geq 0_+)$$

把 $u_C = 1kV$ 代入得

$$1kV = 5.77e^{-\frac{t}{4000}}kV$$

由上式解得 $\qquad t = (4000 \times \ln 5.77)s \approx 7011s$

由于 C 及 R 都较大，放电持续时间很长（t 为 7011s 即 1h 57min），所以电容器从电路断开后，经过约两个小时，仍有 1kV 的高电压。在检修具有大电容的设备时，停电后必须先将其短接放电才能工作。

【例 2-3】 在图 2-5 中，开关长期接在位置 1 上，如果在 $t = 0$ 时把它接到位置 2，试求电容电压 u_C 及放电电流 i 的表达式。

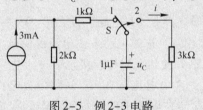

图 2-5 例 2-3 电路

解 换路前电容相当于开路，其电压等于电流源在 $2k\Omega$ 电阻上产生的电位降。根据换路定律得

$$u_C(0_+) = u_C(0_-) = 3 \times 10^{-3}A \times 2 \times 10^3\Omega = 6V = U_0$$

已知换路后电路的时间常数为

$$\tau = RC = 3 \times 10^3\Omega \times 1 \times 10^{-6}F = 0.003s$$

由式（2-14）和式（2-15）得：

$$u_C = U_0 e^{-\frac{t}{\tau}} = 6e^{-\frac{t}{0.003}} = 6e^{-333t}(V) \qquad (t \geq 0_+)$$

$$i = \frac{U_0}{R}e^{-\frac{t}{\tau}} = \frac{6}{3}e^{-\frac{t}{0.003}} = 2e^{-333t}(mA) \qquad (t \geq 0_+)$$

【例 2-4】 电路如图 2-6 所示，开关 S 闭合前电路已处于稳态。在 $t = 0$ 时将开关闭合，试求 $t > 0$ 时电压 u_C 和电流 i_C、i_1 及 i_2。

解 $u_C(0_+) = u_C(0_-) = \dfrac{6}{1+2+3} \times 3 = 3(\text{V}) = U_0$

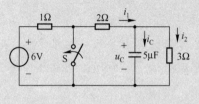

图2-6 例2-4电路

在 $t>0$ 时，开关左侧电路被短路，对右侧电路不起作用，这时电容经电阻 2Ω 和 3Ω 两支路放电，等效电阻为 $R = \dfrac{2 \times 3}{2+3} = 1.2(\Omega)$，故时间常数为

$$\tau = 1.2\Omega \times 5 \times 10^{-6}\text{F} = 6 \times 10^{-6}\text{s}$$

由式（2-14）得

$$u_C = U_0 \mathrm{e}^{-\frac{t}{\tau}} = 3\mathrm{e}^{-\frac{t}{6 \times 10^{-6}}} = 3\mathrm{e}^{-1.7 \times 10^5 t}(\text{V})$$

因为 u_C 与 i_C 参考方向一致，由式（2-15）得

$$i_C = -\frac{U_0}{R}\mathrm{e}^{-\frac{t}{\tau}} = -\frac{3}{1.2}\mathrm{e}^{-\frac{t}{6 \times 10^{-6}}} = -2.5\mathrm{e}^{-1.7 \times 10^5 t}(\text{A})$$

$$i_2 = \frac{U_C}{3} = \mathrm{e}^{-1.7 \times 10^5 t}(\text{A})$$

$$i_1 = i_C + i_2 = -1.5\mathrm{e}^{-1.7 \times 10^5 t}(\text{A})$$

2.2.2 RL 电路的零输入响应

另一种典型的一阶电路是 RL 电路。设在 $t<0$ 时，电路如图 2-7（a）所示，开关 K 与 1 端相接。这时电感 L 由电流源供电。设在 $t=0$ 时，K 迅速合上 2 端，这样电感 L 便与电阻相连接。这时，电感虽然与电流源脱离，但仍具有初始电流 I_0，这个电流将在 RL 回路中放电而逐渐下降，最后为零。在这一过程中，存储在电感中的磁场能逐渐转换成电阻上的热能消耗掉。其零输入响应可由数学分析求得。

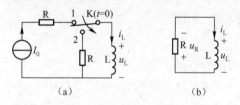

图2-7 RL 电路的零输入响应

由于换路前 $i_L(0_-) = I_0$，故得换路后初始电流 $i_L(0_+) = i_L(0_-) = I_0$。在 $t \geq 0_+$ 时，电路如图 2-7（b）所示，可列方程得

$$L\frac{\mathrm{d}i_L}{\mathrm{d}t} + Ri_L = 0 \qquad (t \geq 0_+)$$

及

$$i_L(0_+) = I_0$$

这也是一个一阶齐次线性常微分方程，其特征方程为

$$Lp + R = 0$$

其特征根为

$$p = -\frac{R}{L}$$

故零输入响应的通解 $i_L(t)$ 为

$$i_L(t) = A e^{-Rt/L} \qquad (t \geq 0_+) \tag{2-16}$$

代入初始条件 $i_L(0_+) = I_0$，求得 $A = I_0$。因此

$$i_L(t) = I_0 e^{-Rt/L} \qquad (t \geq 0_+) \tag{2-17}$$

电阻上电压和电感电压分别为

$$u_L(t) = L\frac{\mathrm{d}i_L}{\mathrm{d}t} = -RI_0 e^{-Rt/L} \qquad (t \geq 0_+) \tag{2-18}$$

$$u_R(t) = -i_L R = RI_0 e^{-Rt/L} \qquad (t \geq 0_+) \tag{2-19}$$

电流 $i_L(t)$ 和电压 $u_L(t)$、$u_R(t)$ 的变化曲线如图 2-8 所示。

可见，电路中的电压和电流也都是按同一指数规律衰减的。同样，与 RC 电路一样，L/R 也具有时间的量纲，称为 RL 电路的时间常数，并用 τ 表示。当 R 用欧姆（Ω），L 用亨利（H）为单位时，τ 的单位为秒（s）。这样式（2-17）、式（2-18）、式（2-19）分别表示为

$$i_L(t) = I_0 e^{-t/\tau} \qquad (t \geq 0_+)$$

$$u_L(t) = -RI_0 e^{-t/\tau} \qquad (t \geq 0_+)$$

$$u_R(t) = RI_0 e^{-t/\tau} \qquad (t \geq 0_+)$$

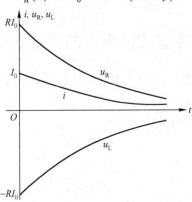

图 2-8 RL 电路的零输入响应曲线

显然，RL 电路的零输入响应衰减的快慢同样可用时间常数 τ 反映。τ 与电路的 L 成正比，而与 R 成反比。

在放电过程中，*RL* 电路中的物理过程实际上就是把电感中原先储存的磁场能量转换为电阻中热能的过程。

【例 2-5】 在图 2-9 所示电路中，一个继电器线圈的电阻 $R = 250\Omega$，电感 $L = 2.5H$，电源电压 $U = 24V$，$R_1 = 230\Omega$，已知此继电器释放电流为 0.004A，试问开关 S 闭合后，经过多少时间，继电器才能释放？

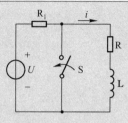

图 2-9 例 2-5 电路

解 S 闭合后，继电器被短路，继电器线圈电路的时间常数为

$$\tau = \frac{L}{R} = \frac{2.5}{250} = 0.01(\text{s})$$

继电器线圈的电流初始值为

$$i(0_+) = i(0_-) = \frac{U}{R_1 + R} = \frac{24}{230 + 250} = 0.05(\text{A})$$

所以 S 闭合后，继电器线圈电流为

$$i = 0.05\text{e}^{-\frac{t}{0.01}} \qquad (t \geq 0_+)$$

将 $i = 0.004\text{A}$ 代入，解得

$$t = 0.01 \times \ln\frac{0.05}{0.004} \approx 0.025(\text{s})$$

即 S 闭合后经过 0.025s，继电器释放。

✓ 2.3 一阶电路的零状态响应

所谓零状态，是指电路中所有储能元件的 $u_C(0_+)$、$i_L(0_+)$ 都为零的情况。零状态电路由外施激励引起的响应称为零状态响应。

2.3.1 RC 电路在直流激励下的零状态响应

直流电压源通过电阻对电容充电的电路如图 2-10 所示，设开关 S 闭合前电容 C 未充电，故为零状态。$t = 0$ 时闭合开关，求换路后电路中的响应。列换路后的电路方程，由 KVL 得

$$u_R + u_C = U_S$$

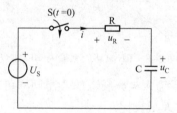

图 2-10 RC 电路在直流激励下的零状态响应

把 $u_R = Ri$、$i = C\dfrac{\text{d}u_C}{\text{d}t}$ 代入上式，得

$$RC\frac{\text{d}u_C}{\text{d}t} + u_C = U_S \qquad (t \geq 0_+) \tag{2-20}$$

它是一阶常系数线性非齐次常微分方程。

式 (2-20) 的解由两部分组成

$$u_C = u'_C + u''_C$$

式中，u'_C 为方程的一个特解，与外施激励有关，所以称为强制分量。当激励为直流量时，此情况下的强制分量称为稳态分量。在本例中

$$u'_C = U_S$$

而 u''_C 为与式 (2-20) 对应的齐次方程

$$RC \frac{\mathrm{d}u''_C}{\mathrm{d}t} + u''_C = 0$$

的通解，形式与零输入响应相同，u''_C 的变动规律与外施激励无关，所以称为自由分量，自由分量最终趋于零，因此又称为瞬态分量，其解为

$$u''_C = A e^{-\frac{t}{\tau}}$$

式中，$\tau = RC$，为时间常数；A 为待定积分常数。这样，电容电压 u_C 的解为

$$u_C = U_S + A e^{-\frac{t}{\tau}}$$

代入初始条件 $u_C(0_+) = u_C(0_-) = 0$，得

$$0 = U_S + A$$
$$A = -U_S$$

最后解得

$$u_C = U_S - U_S e^{-\frac{t}{\tau}} = U_S(1 - e^{-\frac{t}{\tau}}) \qquad (t \geqslant 0_+) \qquad (2\text{-}21)$$

并得

$$u_R = U_S - u_C = U_S e^{-\frac{t}{\tau}} \qquad (t \geqslant 0_+) \qquad (2\text{-}22)$$

$$i = \frac{u_R}{R} = \frac{U_S}{R} e^{-\frac{t}{\tau}} \qquad (t \geqslant 0_+) \qquad (2\text{-}23)$$

u_C 和 i 的波形如图 2-11 所示。u_R 的波形与 i 相似，故图中未画出。电压 u_C 的两个分量 u'_C 和 u''_C 也示于图中。充电过程中，电容电压由初始值随时间逐渐增长，其增长率按指数规律衰减，最后电容电压趋于直流电压源的电压 U_S。充电电流方向与电容电压方向一致，充电开始时其值最大，为 U_S/R，以后逐渐按指数规律衰减到零。

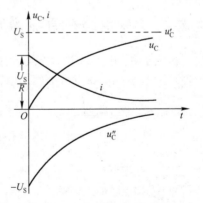

图 2-11 u_C 和 i 随时间变化的曲线

$t = \tau$ 时，电容电压增长为 $u_C = (1 - e^{-1})U_S = 0.632U_S$，$t = 5\tau$ 时，$u_C = 0.993U_S$，可以认为充电已经结束。时间常数越大，自由分量衰减越慢，充电持续时间越长。

由于电路中有电阻，充电时，电源供给的能量，一部分转换成电场能量存储在电容中，另一部分则被电阻消耗掉。在充电过程中，电阻吸收（消耗）的电能为

$$W_\mathrm{R} = \int_0^\infty Ri^2\mathrm{d}t = \int_0^\infty R\left(\frac{U_\mathrm{S}}{R}\mathrm{e}^{-\frac{t}{RC}}\right)^2\mathrm{d}t = \frac{1}{2}CU_\mathrm{S}^2 = W_\mathrm{C}$$

可见，不论电阻、电容量值如何，电源供给的能量只有 50% 转换成电场能量储存在电容中，充电效率为 50%。

【例 2-6】 在图 2-12（a）所示的电路中，于 $t = 0$ 时将开关 S 闭合，试求 $t \geqslant 0_+$ 时的电压 u_C。

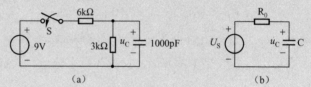

图 2-12 例 2-6 电路

解 对换路后的电路求电容 C 两端的戴维南等效电路，如图 2-12（b）所示，等效电源的电压和内电阻分别为

$$U_\mathrm{S} = \frac{3}{6+3} \times 9 = 3(\mathrm{V})$$

$$R_0 = \frac{6 \times 3}{6+3} = 2(\mathrm{k\Omega})$$

电路的时间常数为

$$\tau = R_0 C = 2 \times 10^3 \times 1000 \times 10^{-12} = 2 \times 10^{-6}(\mathrm{s})$$

$$u_\mathrm{C} = 3(1 - \mathrm{e}^{-\frac{t}{2 \times 10^{-6}}})\mathrm{V} = 3(1 - \mathrm{e}^{-5 \times 10^5 t})\mathrm{V} \qquad (t \geqslant 0_+)$$

2.3.2 RL 电路在直流激励下的零状态响应

在图 2-13 中，$t = 0$ 时开关 S 闭合，开关闭合前，电感 L 内无电流，为零状态。下面分析换路后电路中电压及电流变化规律。

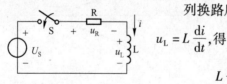

图 2-13 RL 电路在直流激励
下的零状态响应

列换路后的电路方程，由 KVL 及 $u_\mathrm{R} = Ri$、$u_\mathrm{L} = L\dfrac{\mathrm{d}i}{\mathrm{d}t}$，得

$$L\frac{\mathrm{d}i}{\mathrm{d}t} + Ri = U_\mathrm{S} \qquad (t \geqslant 0_+) \qquad (2-24)$$

其解仍由两部分组成

$$i = i' + i''$$

其中稳态分量

$$i' = \frac{U_\mathrm{S}}{R}$$

其瞬态分量形式为

$$i'' = A\mathrm{e}^{-\frac{t}{\tau}}$$

式中，$\tau = L/R$，为时间常数。所以

$$i = i' + i'' = \frac{U_S}{R} + A e^{-\frac{t}{\tau}}$$

代入初始条件 $i(0_+) = i(0_-) = 0$，得 $A = -U_S/R$，故

$$i = \frac{U_S}{R}(1 - e^{-\frac{t}{\tau}}) \qquad (t \geqslant 0_+) \tag{2-25}$$

并得

$$u_R = Ri = U_S(1 - e^{-\frac{t}{\tau}}) \qquad (t \geqslant 0_+) \tag{2-26}$$

$$u_L = U_S - u_R = U_S e^{-\frac{t}{\tau}} \qquad (t \geqslant 0_+) \tag{2-27}$$

各响应的波形如图 2-14（a）和（b）所示。电感电流由初始值随时间逐渐增长，最后趋近于稳态值 U_S/R。电感电压方向与电流方向一致，开始接通时其值最大，为 U_S，以后逐渐按指数规律衰减到零。达到新的稳态时，电感的磁场储能为 $\frac{1}{2}L\left(\dfrac{U_S}{R}\right)^2$。

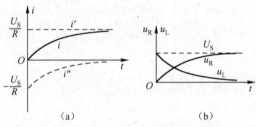

图 2-14　i、u_R、u_L 随时间变化的曲线

从直流激励下的 RC 及 RL 电路的零状态响应分析可以看出，若外施激励增大 K 倍，则其零状态响应也增大 K 倍。这种外施激励与零状态响应之间的线性关系称为零状态线性。

【例 2-7】　在图 2-15（a）所示的电路中，已知 $U_S = 150\text{V}$，$R_1 = R_2 = R_3 = 100\Omega$，$L = 0.1\text{H}$，设开关在 $t = 0$ 时接通，电感电流初值为零，求各支路电流。

解　换路后电流 i_2 由两部分组成，其稳态分量为

$$i_2' = \frac{U_S}{R_1 + \dfrac{R_2 R_3}{R_2 + R_3}} \times \frac{R_3}{R_2 + R_3} = 0.5\text{A}$$

瞬态分量形式为

$$i_2'' = A e^{-\frac{t}{\tau}}$$

为确定 τ，需用戴维南定理，将 L 和 R_2 以外的电路看做一个二端网络，如图 2-15（b）所示，它的输入端电阻为

$$R_i = \frac{R_1 R_3}{R_1 + R_3} = \frac{100 \times 100}{100 + 100} = 50(\Omega)$$

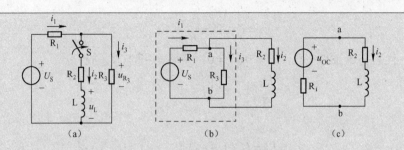

图 2-15　例 2-7 电路

得等效电路如图 2-15（c）所示。因此，时间常数为

$$\tau = \frac{L}{R_i + R_2} = \frac{0.1}{50 + 100} = \frac{1}{1500}(\text{s})$$

所以

$$i_2 = i_2' + i_2'' = 0.5 + Ae^{-1500t}(\text{A})$$

代入初始条件 $i(0_+) = i(0_-) = 0$，得

$$A = -0.5\text{A}$$

故　　　　$$i_2 = 0.5(1 - e^{-1500t})(\text{A}) \qquad (t \geq 0_+)$$

$$u_{R_3} = R_2 i_2 + L\frac{di_2}{dt}$$

$$= 100 \times 0.5(1 - e^{-1500t}) + 0.1 \times \frac{d}{dt}[0.5(1 - e^{-1500t})]$$

$$= 50(1 - e^{-1500t}) + 0.05 \times 1500e^{-1500t} \qquad (t \geq 0_+)$$

$$= (50 + 25e^{-1500t})(\text{V})$$

$$i_3 = \frac{u_{R_3}}{R_3} = (0.5 + 0.25e^{-1500t})\text{A} \qquad (t \geq 0_+)$$

$$i_1 = i_2 + i_3 = (1 - 0.25e^{-1500t})\text{A} \qquad (t \geq 0_+)$$

在实际电路中，往往除了直流激励源外，还有很多情况下会采用交流正弦激励源。在此种情况时，一阶 RC 和 RL 电路的零状态响应，本书不再具体推导，请读者自行推导分析。

2.4　一阶电路的全响应

电路中的非零初始状态及外施激励在电路中共同产生的响应称为全响应。

以图 2-16 所示电路为例，设 $u_C(0_-) = U_0$，电压源电压为 U_S，换路后 u_C 的方程仍为

$$RC\frac{\mathrm{d}u_C}{\mathrm{d}t}+u_C=U_S \qquad (t\geq 0_+)$$

其解仍为

$$u_C=u_C'+u_C''=U_S+Ae^{-\frac{t}{\tau}}$$

代入初始条件 $u_C(0_+)=u_C(0_-)=U_0$，得：

$$U_0=U_S+A$$
$$A=U_0-U_S$$

故电容电压的全响应为

$$u_C=U_S+(U_0-U_S)e^{-\frac{t}{\tau}} \qquad (t\geq 0_+)$$
$$(2-28)$$

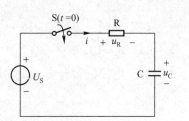

图 2-16　RC 电路的全响应

并得电阻电压、电流的全响应各为

$$u_R=U_S-u_C=(U_S-U_0)e^{-\frac{t}{\tau}} \qquad (t\geq 0_+) \qquad (2-29)$$

$$i=\frac{u_R}{R}=\frac{U_S-U_0}{R}e^{-\frac{t}{\tau}} \qquad (t\geq 0_+) \qquad (2-30)$$

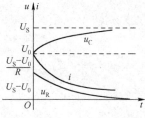

图 2-17　u_C、u_R、i 随时间
变化的曲线

图 2-17 中作出了 $U_0<U_S$ 下的各全响应波形。其中 u_C 以 U_0 为初始值逐渐上升，最终达到 U_S。

下面以 u_C 为例，介绍对任何线性一阶电路的全响应都适用的两种分解方法。

（1）式（2-28）中 u_C 仍然由两个分量所组成

$$u_C(t)=u_C'(t)+u_C''(t)=U+(U_S-U)e^{-\frac{t}{\tau}} \qquad (2-31)$$

即 RC 串联电路的全响应为：全响应 = 稳态分量 + 暂态分量。图 2-18（a）中画出了 u_C 及其稳态（u_C'）、瞬态（u_C''）两个分量的曲线。

（2）式（2-28）也可以写成

$$u_C(t)=U_S\cdot e^{-\frac{t}{\tau}}+U(1-e^{-\frac{t}{\tau}}) \qquad (2-32)$$

即 RC 串联电路的全响应也可表示为：全响应 = 零输入响应 + 零状态响应。这体现了线性电路的叠加性。图 2-18（b）中画出了全响应及其零输入响应、零状态响应两个分量。

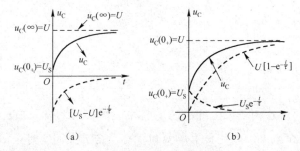

图 2-18　全响应的两种分解

把全响应分解为稳态分量与瞬态分量，能较明显地反映电路的工作阶段，便于分析过渡过程的特点。把全响应分解为零输入响应和零状态响应，

明显反映了响应与激励的因果关系，并且便于分析计算。这两种分解的概念都是重要的。

【例2-8】 在图2-16中，$U_S = 10V$，$t = 0$时开关S闭合，$u_C(0_-) = -4V$，$R = 10k\Omega$，$C = 0.1\mu F$。求换路后的u_C并画出其波形。

解 电路的微分方程及时间常数分别为

$$RC\frac{\mathrm{d}u_C}{\mathrm{d}t} + u_C = U_S$$

$$\tau = RC = 10 \times 10^3\Omega \times 0.1 \times 10^{-6}F = 1ms$$

得

$$u_C = u_C' + u_C'' = (10 + Ae^{-\frac{t}{\tau}})(V) \qquad (t \geq 0_+)$$

由换路定律可求出积分常数A，即

$$u_C(0_-) = -4V = u_C(0_+) = 10 + A$$

所以 $\qquad\qquad\qquad\qquad A = -14V$

最后得出

$$u_C = (10 - 14e^{-\frac{t}{\tau}})(V) \qquad (t \geq 0_+)$$

电压u_C、u_C'及u_C''绘于图2-19（a）中。

若分别求零输入响应及零状态响应，也可得出全响应。由式（2-14）可得电容电压零输入响应为

$$u_{C_1} = -4e^{-\frac{t}{\tau}}(V) \qquad (t \geq 0_+)$$

由式（2-21）可得电容电压的零状态响应为

$$u_{C_2} = 10(1 - e^{-\frac{t}{\tau}})(V) \qquad (t \geq 0_+)$$

全响应为

$$u_C = u_{C_1} + u_{C_2} = -4e^{-\frac{t}{\tau}} + 10(1 - e^{-\frac{t}{\tau}}) = (10 - 14e^{-\frac{t}{\tau}})(V) \quad (t \geq 0_+)$$

电容电压的零输入响应及零状态响应绘于图2-19（b）中。

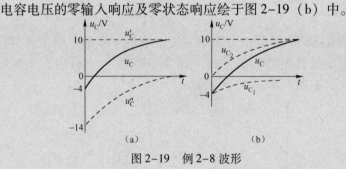

图2-19 例2-8波形

*【例2-9】 在图2-20所示的电路中，$L = 1mH$，$R = 2\Omega$，$u_S = 10\sin(1000t + 85.56°)V$，开关S于$t = 0$时闭合。若开关闭合时：（1）$i(0_+) = 0$；（2）$i(0_+) = I_0$，分别求电流全响应。

解 闭合后电流的稳态分量为

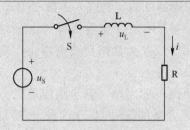

图 2-20 例 2-9 电路

$$i' = \frac{U_\mathrm{m}}{\sqrt{R^2 + (\omega L)^2}} \sin(\omega t + \Psi - \varphi)$$

$$= \frac{10}{\sqrt{2^2 + 1^2}} \sin\left(1000t + 85.56° - \arctan\frac{1}{2}\right)$$

$$\approx 4.47\sin(1000t + 60°)\,(\mathrm{A})$$

瞬态分量为

$$i'' = Ae^{-\frac{R}{L}t} = Ae^{-2000t}\,(\mathrm{A})$$

故电流全响应表达式为

$$i = i' + i'' = [4.47\sin(1000t + 60°) + Ae^{-2000t}]\,(\mathrm{A}) \qquad (t \geqslant 0_+)$$

（1）将 $i(0_+) = 0$ 代入电流全响应表达式

$$0 = 4.47\sin60° + A$$

得

$$A = -4.47\sin60° = -3.87$$

所以

$$i = [4.47\sin(1000t + 60°) - 3.87e^{-2000t}]\,(\mathrm{A})$$

它全部为零状态响应，零输入响应为零。

（2）将 $i(0_+) = I_0$，代入电流全响应表达式

$$I_0 = 4.47\sin60° + A$$

得

$$A = I_0 - 4.47\sin60°$$

所以

$$i = [4.47\sin(1000t + 60°) + (I_0 - 4.47\sin60°)e^{-2000t}]$$

$$= [4.47\sin(1000t + 60°) + (I_0 - 3.87)e^{-2000t}]$$

$$= I_0 e^{-2000t} + [4.47\sin(1000t + 60°) - 3.87e^{-2000t}]\,(\mathrm{A}) \quad (t \geqslant 0_+)$$

它包含零输入响应和零状态响应两部分。

✓⁺ 2.5　一阶线性电路暂态分析的三要素法

三要素法是对一阶电路的求解法及其响应形式进行归纳后得出的一个有用的通用法则，由该法则能够比较迅速地获得一阶电路的全响应。

（1）在同一个一阶电路中的各响应（不限于电容电压或电感电流）的时间常数都是相同的。对只有一个电容元件的电路，$\tau = R_i C$；对只有一个电感元件的电路，$\tau = L/R_i$，R_i 为换路后该电容元件或电感元件所接二端电阻性网络除源后的等效电阻。

（2）在直流激励下的一阶电路，其全响应是稳态分量（可能为零值）和瞬态分量之和。稳态分量用符号 $f(\infty)$ 代表，它可从换路后的稳态电路求得（将电容代之以开路，或将电感代之以短路，按电阻性网络计算）。

瞬态分量为：$Ae^{-\frac{t}{\tau}}$，所以一阶电路的全响应为

$$f(t) = f(\infty) + Ae^{-\frac{t}{\tau}} \qquad (t \geq 0_+) \qquad (2-33)$$

若响应 $f(t)$ 的初始值为 $f(0_+)$，将其代入式（2-33）以确定 A，有 $A = f(0_+) - f(\infty)$，从而得

$$f(t) = f(\infty) + [f(0_+) - f(\infty)]e^{-\frac{t}{\tau}} \qquad (t \geq 0_+) \qquad (2-34)$$

式（2-34）中包含3个重要的基本量：响应的初始值 $f(0_+)$、响应的稳态值 $f(\infty)$ 及电路的时间常数 τ。通常把这3个量称为三要素。只要获得了这3个要素，以式（2-34）作为公式，即可直接写出直流激励下响应的表达式或描绘其波形。式（2-34）便是一阶电路在直流激励下三要素法公式。

因为零输入响应或零状态响应都可视为全响应的特例，应用式（2-34）显然也可以直接确定零输入响应或零状态响应。

【例2-10】 在图2-21中，设电路已达稳定。于 $t=0$ 时断开开关S，求断开开关后电流 i。

解 由换路定律求电流 i 的初始值 $i(0_+)$

$$i(0_-) = 6A = i(0_+)$$

换路后电流 i 的稳态分量

$$i(\infty) = \frac{24}{8+4} = 2(A)$$

换路后电路的时间常数

$$\tau = \frac{0.6}{8+4} = 0.05(s)$$

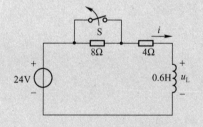

图2-21 例2-10电路

代入式（2-34），得全响应

$$i = i(\infty) + [i(0_+) - i(\infty)]e^{-\frac{t}{\tau}}$$

$$= 2 + (6-2)e^{-\frac{t}{0.05}} = (2 + 4e^{-20t})(A) \qquad (t \geq 0_+)$$

【例2-11】 电路如图2-22所示，$t<0$ 时开关断开已很久，在 $t=0$ 时开关闭合，求 $u(t)$。

解 由换路定律求电压 $u(t)$ 的初始值 $u(0_+)$，即

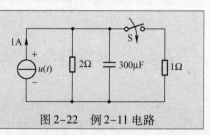

图2-22 例2-11电路

$$u(0_-) = 2\text{V} = u(0_+)$$

换路后电压 $u(t)$ 的稳态分量

$$u(\infty) = 1 \times \frac{2 \times 1}{2 + 1} = \frac{2}{3}(\text{V})$$

换路后电路的时间常数 $\tau = R_i C$，R_i 为电容元件所接二端网络除源后的等效电阻，它等于 2Ω 和 1Ω 电阻并联，所以

$$\tau = \frac{2 \times 1}{2 + 1} \times 300 \times 10^{-6} = 2 \times 10^{-4}(\text{s})$$

代入式（2-34），得

$$u(t) = u(\infty) + \left[u(0_+) - u(\infty) \right] e^{-\frac{t}{\tau}}$$

$$= \frac{2}{3} + \left(2 - \frac{2}{3} \right) e^{-\frac{t}{2 \times 10^{-4}}}$$

$$= \left(\frac{2}{3} + \frac{4}{3} e^{-0.5 \times 10^4 t} \right)(\text{V}) \qquad (t \geqslant 0_+)$$

 小结

一、基本要求

1. 深刻理解换路定律，牢固掌握初始值的计算方法。

2. 牢固掌握一阶电路微分方程的建立和解法。深刻理解稳态和瞬态，以及时间常数的概念，牢固掌握一阶电路时间常数的计算方法。

3. 掌握一阶电路的零输入响应、零状态响应和全响应的分析方法，理解强制分量和自由分量的概念。

4. 牢固掌握分析直流激励的一阶电路的三要素法并能熟练运用。

二、内容提要

1. 换路定律：在换路瞬间，电容元件的电流值有限时，其电压不能跃变；电感元件的电压值有限时，其电流不能跃变。即：

$$u_C(0_+) = u_C(0_-)$$

$$i_L(0_+) = i_L(0_-)$$

初始值计算：独立初始值 $u_C(0_+)$ 和 $i_L(0_+)$ 按换路定律确定；其他相关初始值可以画出换路后的 $t = 0_+$ 时的等效电路（将电容元件代之以电压为 $u_C(0_+)$ 的电压源，将电感元件代之以电流为 $i_L(0_+)$ 的电流源），独立源取其在 $t = 0_+$ 时的值进行计算。

2. 一阶电路：可用一阶微分方程描述的电路称为一阶电路，如只含一个储能元件的电路。

零输入响应：仅由储能元件初始储能引起的响应。

零状态响应：仅由外施激励引起的响应。

一阶电路的全响应：初始储能及外施激励共同产生的响应。

以直流激励 RC 电路方程为例，电路方程为

$$RC\frac{\mathrm{d}u_C}{\mathrm{d}t} + u_C = U_S$$

其解（全响应）为

$$u_C = u_C' + u_C'' = U_S + (U_0 - U_S)\mathrm{e}^{-\frac{t}{\tau}}$$

u_C' 为稳态分量（强制分量），u_C'' 为瞬态分量（自由分量）。瞬态分量存在的时期为电路的过渡过程，瞬态过程消失，电路进入新的稳态。

全响应也可写成

$$u_C = u_{C_1} + u_{C_2} = U_0\mathrm{e}^{-\frac{t}{\tau}} + U_S\left(1 - \mathrm{e}^{-\frac{t}{\tau}}\right)$$

u_{C_1} 为零输入响应，u_{C_2} 为零状态响应。

时间常数 τ 是决定响应衰减快慢的物理量。动态元件为电容 C 时，$\tau = RC$；动态元件为电感 L 时，$\tau = L/R$。R 为 C 或 L 所接网络除源后的等效电阻。

3. 分析一阶电路全响应的三要素法：

直流激励时的全响应

$$f(t) = f(\infty) + \left[f(0_+) - f(\infty)\right]\mathrm{e}^{-\frac{t}{\tau}}$$

$f(\infty)$ 为稳态分量，$f(0_+)$ 为初始值，τ 为时间常数，合称三要素。

✓* 练习题2

1. 在图 2-23（a）、（b）所示的电路中，开关 S 在 $t=0$ 时动作，试求电路在 $t=0_+$ 时电压、电流的初始值。

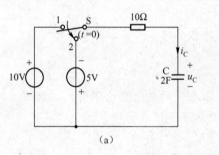
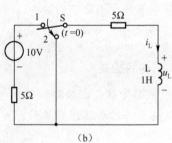

(a)　　　　　　　　　　(b)

图 2-23　习题 1 的图

2. 在图 2-24 所示的电路中，电容 C 原先没有充电，试求开关 S 闭合后的一瞬间，电路中各元件的电压和电流的初始值。

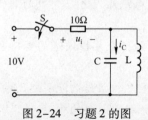

图 2-24　习题 2 的图

3. 在图 2-25 所示的各电路中，开关 S 在 $t=0$ 时动作，试求各电路在 $t=0_+$ 时刻的电压、电流。已知图 2-25 （d）中的 $e(t) = 100\sin\left(\omega t + \dfrac{\pi}{3}\right)\text{V}$，$u_C(0_-) = 20\text{V}$。

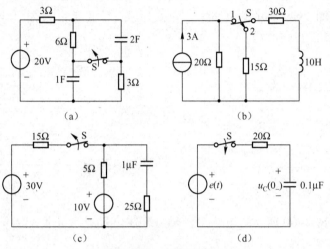

（a）   （b）

（c）   （d）

图 2-25   习题 3 的图

4. 求图 2-26 所示的电路的时间常数。

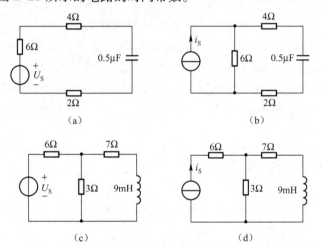

（a）   （b）

（c）   （d）

图 2-26   习题 4 的图

5. 在图 2-27 （a）所示的电路中，已知 $C=2\mu\text{F}$，$R_2=2\text{k}\Omega$，$R_3=6\text{k}\Omega$，$u_C(t)$ 的波形如图 2-27 （b）所示。求 R_1 及电容电压的初始值 U_0。

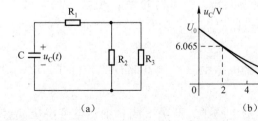

（a）   （b）

图 2-27   习题 5 的图

6. 图2-28 所示的电路为一标准高压电容器的电路模型，电容 $C = 2\mu F$，漏电阻 $R = 10M\Omega$。FU 为快速熔断器，$u_S = 23000\sin(314t + 90°)$ V，$t = 0$时熔断器烧断（瞬间断开）。假设安全电压为 50V，求从熔断器断开之时起，经历多长时间后，人手触及电容器两端才是安全的？

7. 在图2-29 所示的电路中，开关 S 原在位置 1 已很久，$t = 0$ 时合向位置 2，求 $u_C(t)$ 和 $i(t)$。

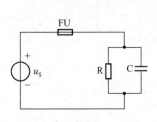

图2-28 习题6的图

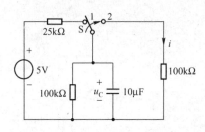

图2-29 习题7的图

8. 在图2-30 所示的电路中，开关 S 在位置 1 已很久，$t = 0$ 时合向位置 2，求换路后的 $i(t)$ 和 $u_L(t)$。

9. 一个简单的零输入 RL 串联电路，电阻电压为 $u_R = 50e^{-400t}$ V，如果在 $t = 0$时该电阻与另一个电阻并联，使其等效电阻由 200Ω 变为 40Ω。求 u_R。

10. 一个具有磁场储能的电感经电阻释放储能，已知经过 $0.6s$ 后储能减少为原来的 $1/2$；又经过 $1.2s$ 后电流为 25mA。试求电感电流 $i(t)$。

11. 在图2-31 所示的电路中，已知 $U_S = 12V$，$R = 25k\Omega$，$C = 10\mu F$。开关 S 在 $t = 0$ 时闭合，在 S 闭合前电容并未充电。求 $t \geq 0_+$ 时的电容电压 u_C 及 $t \geq 0_+$ 时的电流 i，并定性地画出 u_C 及 i 的波形。求充电完成后电容储存的能量 W_C 及电阻消耗的能量 W_R。

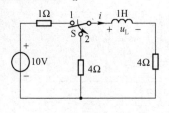

图2-30 习题8的图

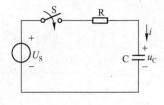

图2-31 习题11的图

12. 电路如图2-32 所示，$U_S = 20V$，$R_1 = 100\Omega$，$R_2 = 300\Omega$，$R_3 = 25\Omega$，$C = 0.05F$，电容未充过电。$t = 0$ 时开关 S 闭合。求 $u_C(t)$。

13. 图2-33 所示的电路原来处于零状态，$t = 0$ 时开关 S 闭合。求 $i_L(t)$ 及 $u_L(t)$，并定性地画出 $i_L(t)$ 及 $u_L(t)$ 的波形。

14. 在图2-34 所示的电路中，若 $t = 0$ 时开关 S 打开，求 u_C 和电流源发出的功率。

15. 在图2-35 所示的电路中，开关 S 闭合前，电容电压 u_C 为零。在 $t = 0$时 S 闭合，求 $t \geq 0_+$ 时的 $u_C(t)$ 和 $i_C(t)$。

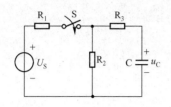

图 2-32　习题 12 的图

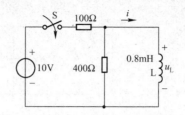

图 2-33　习题 13 的图

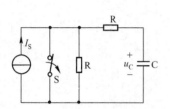

图 2-34　习题 14 的图

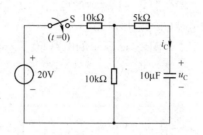

图 2-35　习题 15 的图

16. 在图 2-36 所示的电路中，开关 S 打开前已处于稳定状态。$t=0$ 开关 S 打开，求 $t \geqslant 0_+$ 时的 $u_L(t)$ 和电压源发出的功率。

17. 在图 2-37 所示的电路中，已知 $i_L(0_-)=0$，$t=0$ 时开关闭合，求 $t \geqslant 0_+$ 时的电流 $i_L(t)$ 和电压 $u_L(t)$。

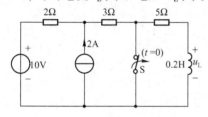

图 2-36　习题 16 的图

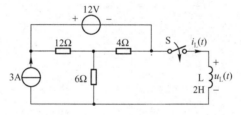

图 2-37　习题 17 的图

18. 在图 2-38 所示的电路中，直流电压源的电压为 24V，且电路原已达稳态，$t=0$ 时合上开关 S，求：（1）电容电压 u_c；（2）直流电压源发出的功率。

19. 在图 2-39 所示电路中，开关打开前电路已达稳态。$t=0$ 时开关 S 打开。求 $t \geqslant 0_+$ 时的 $i_C(t)$，并求 $t=2\text{ms}$ 时电容的能量。

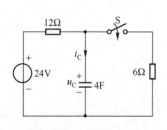

图 2-38　习题 18 的图

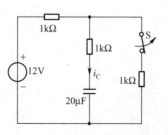

图 2-39　习题 19 的图

20. 在图 2-40 所示电路中，各参数已给定，开关 S 打开前电路为稳态。$t=0$ 时开关 S 打开，求开关打开后电压 $u(t)$。

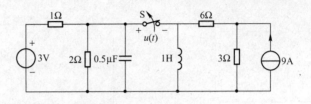

图 2-40　习题 20 的图

21. 图 2-41 所示的电路原已稳定，$t = 0$ 时，开关 S 断开。用三要素法求电流源的电压$u(t)$。

22. 图 2-42 所示的电路原已稳定，$t = 0$ 时，开关 S 由位置 1 合向位置 2。用三要素法求$i_L(t)$，并作其波形图。

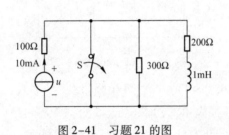

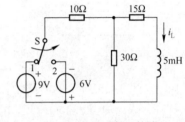

图 2-41　习题 21 的图　　　　　　　　图 2-42　习题 22 的图

第3章　正弦交流电路的分析及应用

　　本章是本课程的重点内容之一，主要介绍正弦交流电的基本概念和正弦交流电路的分析与计算。

　　正弦交流电的基本概念包括正弦量的三要素、同频率正弦量的相位差、正弦量的有效值，以及正弦交流电的相量表示法。

　　正弦交流电路分析计算的主要内容包括单一参数的正弦交流电路的分析计算；R、L、C串并联正弦交流电路的分析计算；正弦交流电路的功率及功率因数的提高；电路中的谐振；非正弦周期电流电路的分析。作为对器件知识的拓展，介绍几种实际电气器件的电路模型。

✓⁺ 3.1　正弦交流电的基本概念

　　在现代工农业生产及日常生活中，除了必须使用直流电的特殊情况外，绝大多数应用的都是交流电。这是因为它具有如下优点。

　　（1）交流电可以利用变压器方便地改变电压，便于输送、分配和使用。在远距离输电中，可以用变压器把发电机发出的交流电进行升压后，再远距离输送。当输送功率（$P = UI\cos\varphi$）一定时，电压高，电流就小，在线路上的损耗（I^2R）就可以减小。同时还可以大大减小输电导线的截面积（$I = jS$），节省材料，便于施工。到了用户端，又可以通过降压变压器降低电压，以保证使用安全。

　　（2）交流电动机在结构上比直流电动机简单，成本较低，使用、维护方便。

　　所谓正弦交流电路，是指含有正弦交流电源而且电路各部分所产生的电压和电流均按正弦规律变化的电路。分析和计算正弦交流电路，主要是确定不同参数和不同结构的正弦交流电路中电压与电流之间的关系和功率。

3.1.1　正弦交流电量的参考方向

　　前面分析了直流电路，其特点是电动势、电压及电流的大小和方向都是不变的。在图3–1（a）所示的典型直流电路中，电流总是从正极流出，经负载流回负极，方向和大小均不变。正弦电压和电流是按照正弦规律随时间周期性变化的。在图3–1（b）所示的正弦交流电路中，在正半周，电源A端为正极，B端为负极，电流i从A端流出，经负载由B端流回电源，

如实线箭头所示；在负半周，A 端变成负极，B 端变成正极，电流 i 从 B 端流出，经负载由 A 端流回电源，如虚线箭头所示；其电流、电压波形如图 3-2 所示。正弦电压、电流的表达式分别为

$$i = I_m \sin\omega t, \quad u = U_m \sin(\omega t + \varphi)$$

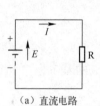
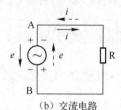
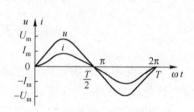

（a）直流电路　　　　（b）交流电路

图 3-1　直流电路与交流电路　　　图 3-2　正弦电压、电流波形

由于正弦交流电压和电流的方向是周期性变化的，在电路图上所标志的方向是指它们的正方向（也叫参考方向），交流量某一瞬间的实际方向和假定正方向一致时，其值为正；相反时为负。

3.1.2　正弦量的三要素

正弦电压和电流等物理量，统称为正弦交流量，简称正弦量。正弦量的特征表现在变化的快慢、大小及初始值 3 个方面，分别由频率（或周期）、幅值（或有效值）和初相位来确定，称它们为正弦量的三要素。

1. 周期与频率

正弦量完成一次循环所需的时间，称为周期，用 T 表示，单位是秒（s）。正弦量每秒钟完成循环的次数称为频率，用 f 表示，单位是赫兹，简称赫（Hz）。

频率和周期互为倒数，即

$$f = \frac{1}{T} \text{或} T = \frac{1}{f} \tag{3-1}$$

在我国和世界上大多数国家，电力工业的标准频率（所谓"工频"）都是 50Hz，有些国家（如美国、日本等）则采用 60Hz。

正弦量变化的快慢除用周期和频率表示外，还可用角频率 ω（弧度）来表示。因为一个周期内经历了 2π 弧度，所以角频率为

$$\omega = \frac{2\pi}{T} = 2\pi f \tag{3-2}$$

其单位是弧度/秒（rad/s）。

2. 瞬时值和最大值

由于正弦量是随时间，按正弦规律不断变化的，所以在每一时刻的值都是不同的。通常把每一时刻的值称为正弦量的瞬时值。正弦电动势、正弦电压和正弦电流的瞬时值分别用小写字母 e、u 和 i 表示。瞬时值中的最

大数值称为交流电的最大值，或者称为幅值，也称峰值。上述各正弦量相应的最大值分别用 E_m、U_m 和 I_m 表示。

3. 相位与相位差

1）相位

在最大值确定后，正弦量的瞬时值主要由 $\omega t + \varphi$ 决定。在交流电路中，通常将 $x = X_m \sin(\omega t + \varphi)$ 中的 $(\omega t + \varphi)$ 称为正弦量的相位角，简称相位。

$t = 0$ 时的相位称为初相位角，简称初相位或初相。当需要区分电压、电流的初相位时，可分别用 φ_u、φ_i 来表示。

正弦交流量在 $t = 0$ 时的值称为初始值，电压、电流的初始值可分别用 u_0 和 i_0 来表示；正弦量的最大值确定后，其初始值由初相位决定。例如，$i = I_m \sin(\omega t + \varphi_i)$ 的初始值为

$$i_0 = I_m \sin\ (\omega \times 0 + \varphi_i)\ = I_m \sin\varphi_i$$

2）相位差

两个同频率的正弦量之间可以比较相位关系，不仅两个电压之间或两个电流之间可以比较，电压和电流之间也可以比较。例如，正弦电路中的电压、电流为

$$\left.\begin{array}{l} u = U_m \sin(\omega t + \varphi_u) \\ i = I_m \sin(\omega t + \varphi_i) \end{array}\right\} \tag{3-3}$$

它们的频率相同，初相位分别为 φ_u、φ_i，二者的相位角之差为

$$\varphi = (\omega t + \varphi_u) - (\omega t + \varphi_i) = \varphi_u - \varphi_i \tag{3-4}$$

称 φ 为正弦量 u 和 i 的相位差。

将式（3-3）中两个正弦量的波形画在同一图上，如图 3-3 所示。以 ωt 为横坐标轴，则可以看到两个正弦量的相位差恰好是横轴上两个初相位角的差值。当两个同频率正弦量的计时起点（$t = 0$）改变时，它们的相位和初相位随即改变，但二者的相位差保持不变。

由图 3-3 所示的正弦波形可见，因为 u 和 i 的初相位不同（不同相），所以它们的变化步调不一致，不能同时到达正的幅值或零值，而是 u 比 i 先到达正幅值，它们的相位关系是 $\varphi_u > \varphi_i$，也就是说，在相位上 u 比 i 超前 φ 角，或者说 i 比 u 滞后 φ 角。在图 3-4 所示的情况下，i_1 和 i_2 具有相同的初相位（相位差中 $\varphi = 0°$），称二者同相；而 u 与 i_1 和 i_2 相位相反（二者的相位差 $\varphi = 180°$），称 u 与 i_1 和 i 反相。

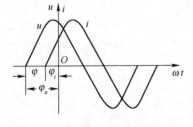

图 3-3　相位差

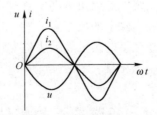

图 3-4　正弦交流量的正相和反相

综上所述，两个同频率的交流量之间存在着某一相位差，其实质也就是它们彼此间到达正的最大值或零值或负的最大值等有一段时间差（简称时差）。

3.1.3　正弦交流量的有效值

交流量的有效值是根据它的热效应来确定的。如果某一交流电流 i 通过电阻只在一个周期内产生的热量，与直流电流 I 通过同一电阻值的电阻在相同的时间内产生的热量相等，则这个直流电流 I 就是交流电流 i 的有效值。也就是说，交流量的有效值就是与其热效应相同的直流值。

综上所述，有

$$\int_0^T i^2 R \mathrm{d}t = I^2 RT$$

由此可得

$$I = \sqrt{\frac{1}{T}\int_0^T i^2 \mathrm{d}t} \tag{3-5}$$

式（3-5）只适用于周期性变化的交流量，但不能用于非周期量。

当周期量为正弦量时，即 $i = I_{\mathrm{m}}\sin\omega t$，则

$$I = \sqrt{\frac{1}{T}\int_0^T I_{\mathrm{m}}^2 \sin^2\omega t \mathrm{d}t} = \frac{I_{\mathrm{m}}}{\sqrt{2}} \tag{3-6}$$

同理可得

$$U = \frac{U_{\mathrm{m}}}{\sqrt{2}} \qquad E = \frac{E_{\mathrm{m}}}{\sqrt{2}} \tag{3-7}$$

一般所讲的正弦交流电的大小，如交流 380V 或 220V，都是指交流电压的有效值。安培计和伏特计的刻度也是根据有效值来确定的。

3.2　正弦交流电的表示法

表示正弦交流电有几种不同的方法，如前面所述的三角函数式和波形图表示法。前者求取正弦交流量在任一时刻的数值较方便，后者形象直观，各有所长。但二者共同的不足是两个正弦量相加减时，运算比较复杂。除此以外，还有旋转矢量和相量表示法。旋转矢量表示法是利用一个在平面图形上绕原点以角速度 ω 作逆时针方向旋转的矢量来代表正弦量，由旋转矢量在纵轴上的投影表示某一时刻该正弦量的瞬时值，ω 表示其角频率。

正弦量的相量表示法是交流电路分析计算中最为方便的一种。以后将主要采用相量表示法。

3.2.1　正弦交流的相量表示法

众所周知，一个正弦量由振幅或有效值、角频率和相位这 3 个要素确

定。但在实际电路的分析计算中，同一个电路中一般只有一个频率（或角频率）。因此，在分析计算电路中各处的电压、电流，只要确定最大值（或有效值）和初相位就可以表示该正弦量。

表示正弦量的复数 $\dot{A} = r e^{j\varphi}$ 称为相量。

实际应用中，正弦量更多地用有效值表示，由于有效值与最大值的比值恒为 $\dfrac{1}{\sqrt{2}}$，因此用有效值相量表示。例如，$i = I_m \sin(\omega t + \varphi_i)$ 用有效值相量表示为 $\dot{I} = \dfrac{I_m}{\sqrt{2}} \angle \varphi_i = \dfrac{I_m}{\sqrt{2}} e^{j\varphi_i} = I e^{j\varphi_i}$。

> 【注意】正弦量是一个随时间变化的实数，相量是一个复数常数，因此并不能认为正弦量就等于相量，二者仅是一一对应的关系，即一个相量可以代表一个正弦量。

对应于复数的 4 种表示形式，相量可以有与之相同的 4 种表示形式。例如，对应于 $i = \sqrt{2} I \sin(\omega t + \varphi_i)$ 有

$$\left. \begin{aligned} \dot{I} &= I_a + j I_b \\ \dot{I} &= I(\cos\varphi_i + j\sin\varphi_i) \\ \dot{I} &= I e^{j\varphi_i} \\ \dot{I} &= I \angle \varphi_i \end{aligned} \right\} \tag{3-8}$$

式中，$I = \sqrt{I_a^2 + I_b^2}$，$I_a = I \cos\varphi_i$，$I_b = I \sin\varphi_i$，$\varphi_i = \arctan\dfrac{I_b}{I_a}$。

利用相量分析计算电路时，要注意初相位 $\varphi_i = \arctan\dfrac{I_b}{I_a}$ 所在的象限。在电工技术中规定，一个正弦量的初相位限定在 $\pm 180°$ 之间。

如果把 $\dot{I} = I e^{j\varphi_i}$ 相量乘以 $\sqrt{2} e^{j\omega t}$ 后，再取其虚部，即为

$$\begin{aligned} i &= I_m \left[\sqrt{2} I e^{j(\omega t + \varphi_i)} \right] \\ &= I_m \left[\sqrt{2} I \cos(\omega t + \varphi_i) + j\sqrt{2} I \sin(\omega t + \varphi_i) \right] \\ &= \sqrt{2} I \sin(\omega t + \varphi_i) \end{aligned} \tag{3-9}$$

式中，I_m 表示取其虚部之意。因此，正弦交流量就是相应的相量乘以 $\sqrt{2} e^{j\omega t}$ 因子后取其虚部的结果。所以要从电流的有效值相量 $\dot{I}$ 求出它的瞬时值 I，则只需把 I 值和 φ_i 角代入式（3-9）即可。

有时为了能得到较为清晰的概念，可以把几个相量画在同一复平面上。这种在复平面上按照各个正弦量的大小和相位关系用初始位置的有向线段画出的若干个相量的图像，称为相量图。

【例3-1】 已知电路中电压 $u_1 = 7.07\sin(\omega t + 30°)$ V，$u_2 = -10\sin(\omega t + 45°)$ V，$u_3 = 10\cos(\omega t + 45°)$ V，求相应的相量 $\dot{U}_1$，$\dot{U}_2$，$\dot{U}_3$，并在图中表示。

解

$$U_1 = \frac{7.07}{\sqrt{2}} = 5\text{V} \qquad \varphi_1 = 30°$$

即

$$\dot{U}_1 = 5 \underline{/30°}$$

u_2 写成正弦电压的标准形式：

$$u_2 = 10\sin(\omega t + 45° - 180°) = 10\sin(\omega t - 135°)\text{V}$$

$$U_2 = \frac{10}{\sqrt{2}} = 7.07\text{V}, \varphi_2 = -135°$$

因此 $\dot{U}_2 = 7.07 \underline{/-135°}$

同理将 u_3 改写成

$$u_3 = 10\sin(\omega t + 45° + 90°) = 10\sin(\omega t + 135°)\text{V}$$

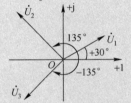

图 3-5　例 3-1 的相量图

$$U_3 = \frac{10}{\sqrt{2}} = 7.07\text{V}, \varphi_3 = 135°$$

因此 $\dot{U}_3 = 7.07 \underline{/135°}$

按一定比例画出 $\dot{U}_1$，$\dot{U}_2$，$\dot{U}_3$ 三个相量的相量图，如图 3-5 所示。

由以上讨论可知，表示正弦量的相量形式有两种，即相量图和相量式。

【注意】只有正弦周期量才能用相量表示，相量不能表示非正弦周期量。只有同频率的正弦量才能画在同一相量图上，不同频率的正弦量不能画在同一相量图上，否则就无法比较和计算。

3.2.2　正弦量的复数表示法

$j = \sqrt{-1}$ 就是复数中的虚数单位，这是其数学意义；在电工理论中，任意一个相量乘上 ±j 后，都使这个相量以逆时针方向（或顺时针方向）旋转 90°。所以 j 又称为 90° 旋转算子，这就是 j 的物理意义。

实数与 j 的乘积称为虚数，由实数和虚数组合而成的数，称为复数。例如，5 + 6j，−3 + 4j，−2 − j 等都是复数。

1. 复数的几种表示形式

1）直角坐标式

$$\dot{A} = a + bj \tag{3-10}$$

可用来表示一个复数，a 称为复数 $\dot{A}$ 的实部，b 称为复数 $\dot{A}$ 的虚部。

复数可用复平面上的点来表示，如图 3-6 所示。图中的横轴表示复数的实部，称为实轴，以 +1 为单位；纵轴表示复数的虚部，称为虚轴，以 +j 为单位。在该复平面上，点的横坐标等于复数的实部 a，点的纵坐标等于复数的虚部 b。每个复数 $\dot{A} = a + bj$，在复平面上都有一个对应的点 A (a, b)，或者说复平面上的每个点都对应着一个复数。复数还可用复平面中一个有向线段 OA 表示，其实部为 a，虚部为 b，如图 3-6 所示。$r = \sqrt{a^2 + b^2}$ 是复数的大小，称为复数的模；$\varphi = \arctan \dfrac{b}{a}$ 是复数与实轴正向间的夹角，称为复数的辐角。

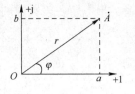

图 3-6　复平面

2）复数的三角形式

因为　　　　　　　　$a = r\cos\varphi,\ b = r\sin\varphi$

所以　　　　$\dot{A} = r\cos\varphi + jr\sin\varphi = r(\cos\varphi + j\sin\varphi)$　　　　　(3-11)

3）复数的指数形式

根据欧拉公式

$$\cos\varphi = \frac{e^{j\varphi} + e^{-j\varphi}}{2} \text{和} \sin\varphi = \frac{e^{j\varphi} - e^{-j\varphi}}{2j}$$

式（3-10）可改写为

$$\dot{A} = re^{j\varphi}$$

4）复数的极坐标形式

在电工学中为了书写方便，常将式（3-11）表示的复数写为下列极坐标形式

$$\dot{A} = r\underline{/\varphi}$$

复数的 4 种表示形式可以互相转换。

2. 复数的四则运算

1）复数加、减运算

复数的加（减）运算通常采用其直角坐标形式或三角形式。

当多个复数相加（减）时，其和（或差）仍为复数，和（差）的实部等于多个复数的实部相加（减），虚部等于多个复数的虚部相加（减）。例如，

$$\dot{A}_1 = a_1 + jb_1,\ \dot{A}_2 = a_2 + jb_2$$

其和（差）为 $\dot{A} = \dot{A}_1 \pm \dot{A}_2 = (a_1 \pm a_2) + j(b_1 \pm b_2)$

2）复数的乘除运算

复数的乘除运算通常采用指数形式或极坐标形式。多个复数相乘，积的模等于各复数模的积，积的辐角等于各复数辐角的和；多个复数相除，

商的模等于各复数模的商，商的辐角等子复数辐角的差。例如

$$\dot{A}_1 = r_1 \mathrm{e}^{j\varphi_1} = r_1 \angle \varphi_1, \quad \dot{A}_2 = r_2 \mathrm{e}^{j\varphi_2} = r_2 \angle \varphi_2$$

则

$$\dot{A} = \dot{A}_1 \dot{A}_2 = r_1 r_2 \mathrm{e}^{j(\varphi_1 + \varphi_2)} = r_1 r_2 \angle(\varphi_1 + \varphi_2)$$

$$\frac{\dot{A}_1}{\dot{A}_2} = \frac{r_1}{r_2} \mathrm{e}^{j(\varphi_1 - \varphi_2)} = \frac{r_1}{r_2} \angle(\varphi_1 - \varphi_2)$$

利用上述复数的几种表示形式及其四则运算，可以很方便地分析计算交流电路。

3.2.3　正弦量的相量表示

如果正弦量中的角频率 ω 一定，就只有幅值及初相位两个特征了。把这一特征与复数的指数形式相对照，正好可用复数的指数形式来代表正弦量。联系前面引入的相量概念，将相量看成矢量，因此，正弦量的相量也可用复数表示。即正弦量可用相量来表示，相量可表示为复数，故正弦量可用复数表示。例如，

$$u = U_{\mathrm{m}}\sin(\omega t + \varphi_u) \rightarrow \dot{U} = U \angle \varphi_u$$

或

$$\dot{U}_{\mathrm{m}} = U_{\mathrm{m}} \angle \varphi_u$$

$$i = I_{\mathrm{m}}\sin(\omega t + \varphi_i) \rightarrow \dot{I} = I \angle \varphi_i$$

或

$$\dot{I}_{\mathrm{m}} = I_{\mathrm{m}} \angle \varphi_i$$

【例3-2】　已知复电压（电压相量）（1）$\dot{U}_1 = (3 + j4)\mathrm{V}$；（2）$\dot{U}_2 = (-3 + j4)\mathrm{V}$；（3）$\dot{U}_3 = j4\mathrm{V}$；试写出它们代表的正弦电压的瞬时表达式（设角频率为 ω）。

解　（1）$U_1 = \sqrt{3^2 + 4^2} = 5\mathrm{V}$　$\varphi_1 = \arctan\dfrac{4}{3} = 53.1°$

$$\dot{U}_1 = 5 \angle 53.1° \mathrm{V} \rightarrow u_1 = 5\sqrt{2}\sin(\omega t + 53.1°)\mathrm{V}$$

（2）$U_2 = \sqrt{(-3)^2 + 4^2} = 5\mathrm{V}$　$\varphi_2 = \arctan\dfrac{4}{-3} = 126.9°$

$$\dot{U}_2 = 5 \angle 126.9° \mathrm{V} \rightarrow u_2 = 5\sqrt{2}\sin(\omega t + 126.9°)\mathrm{V}$$

（3）$U_3 = 4\mathrm{V}$　$\varphi_3 = 90°$

$$\dot{U}_3 = 4 \angle 90° \mathrm{V} \rightarrow u_3 = 4\sqrt{2}\sin(\omega t + 90°)\mathrm{V}$$

3.3　单一参数的正弦交流电路

3.3.1　电阻元件的交流电路

如果电路中电阻参数的作用比较突出，其他参数的影响可以忽略不计，则此电路称为纯电阻电路。在实际应用中，如白炽灯、电阻炉、电烙铁和电熨斗等电器接入交流电路中时，可认为属于纯电阻电路。图3-7（a）所示为纯电阻电路。

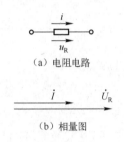

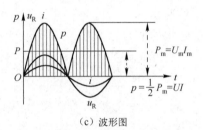

（a）电阻电路

（b）相量图　　　　　　　　　（c）波形图

图 3-7　纯电阻电路

为了讨论问题方便，选用电压、电流的正方向为关联方向，如图3-7（a）所示。设加在电阻上的电压为

$$u_R = \sqrt{2}\, U_R \sin\omega t$$

根据欧姆定律，有

$$i = \frac{u_R}{R} = \sqrt{2}\,\frac{U_R}{R}\sin\omega t = \sqrt{2}\, I\sin\omega t$$

比较上述二式，可得

$$I = \frac{U_R}{R} \text{ 或 } U_R = IR \tag{3-12}$$

可见，电阻中通过的电流和加在该电阻上的电压为同频率的正弦量。电压与电流的最大值或有效值之间符合欧姆定律；在相位上，电阻上的电压与电流同相。因此式（3-12）还可以用相量表示为

$$\dot{I} = \frac{\dot{U}_R}{R} \text{ 或 } \dot{U}_R = \dot{I}\,R \tag{3-13}$$

在一般情况下，有

$$\left. \begin{array}{l} \dot{U} = U\angle\varphi \\ \dot{I} = I\angle\varphi = \dfrac{U}{R}\angle\varphi \end{array} \right\} \tag{3-14}$$

上述电压与电流间的关系可以用相量图表示，如图3-7（b）所示。

电路在某一瞬间吸收或放出的功率称为瞬时功率。电阻电路中的瞬时

功率 p_R 等于该瞬时电压与电流的瞬时值的乘积，即

$$p_R = u_R i = U_{Rm} I_m \sin^2 \omega t = U_R I(1 - 2\cos 2\omega t) = 2U_R I \sin^2 \omega t \qquad (3-15)$$

瞬时功率 p_R 随时间 t 变化的规律如图 3-7（c）中的功率波形图所示。由图中可以看出，瞬时功率恒为正值，表明纯电阻元件在交流电路中始终从电源吸收电能，并将其转变为热能，这是一种不可逆的能量转换过程。电阻是一种耗能元件，在一个周期内，转换的热能为

$$w = \int_0^T p_R \mathrm{d}t$$

即相当于图中被功率波形与横轴所包围的面积。通常用下式计算电能

$$W = P_R t \qquad (3-16)$$

式中，P_R 为通常所说的平均功率，又称为有功功率，简称功率，单位为瓦（W）或千瓦（kW）。它是指在一个周期内的平均值，即一个周期内电路消耗电能的平均速率。

电阻电路中的平均功率为

$$p_R = \frac{1}{T}\int_0^T U_R I(1 - 2\cos\omega t)\,\mathrm{d}t = U_R I = I^2 R = \frac{U^2}{R} \qquad (3-17)$$

【例3-3】 已知电炉丝的电阻为 50Ω，电源电压为 $U_R = 220\sqrt{2}\sin(\omega t + 30°)$ V，$\omega = 314\mathrm{rad/s}$。求：电流 i、$\omega t = 15°$ 时的瞬时功率 p_R 及平均功率 P_R。

解 $i = \dfrac{u_R}{R} = \dfrac{220\sqrt{2}}{50}\sin(\omega t + 30°) = 4.4\sqrt{2}\sin(\omega t + 30°)$ A

$p_R = 2U_R I\sin^2(\omega t + 30°) = 2 \times 220 \times 4.4\sin^2 45° = 968$ （W）

$P_R = \dfrac{U^2}{R} = \dfrac{220^2}{50} = 968$ （W）

3.3.2 电感元件的交流电路

如果电路中电感参数的作用比较突出，其他参数的影响可以忽略不计，如当一个电感线圈的电阻和电容相对于电感可以忽略不计时，接在交流电路中的这样一个线圈就可视为一纯电感电路，如图 3-8（a）所示。

当线圈中有正弦交变电流通过时，由于自感现象在线圈中引起自感电动势 e_L，于是在线圈两端出现电压 u_L。为了方便，规定电流 i、电动势 e_L 和电压 u_L 的正方向相同，如图 3-8（a）所示。设电流

$$i = I_m \sin\omega t$$

则线圈中的自感电动势

$$e_L = -L\frac{\mathrm{d}}{\mathrm{d}t}(I_m \sin\omega t) = \omega L I_m \sin\left(\omega t - \frac{\pi}{2}\right) = E_{Lm}\sin\left(\omega t - \frac{\pi}{2}\right)$$

线圈的端电压

$$u_L = -e_L = L\frac{\mathrm{d}i}{\mathrm{d}t} = \omega L I_m \sin\left(\omega t + \frac{\pi}{2}\right) = U_{Lm}\sin\left(\omega t + \frac{\pi}{2}\right)$$

式中，L 为线圈的自感系数，也称电感，单位为亨利（H）。

综上所述，电感电路的电流 i_L、电动势 e_L 及电压 u_L 分别为

$$\left.\begin{array}{l} i_L = \sqrt{2}\,I\sin\omega t \\[2mm] e_L = \sqrt{2}\,E_L\sin\left(\omega t - \dfrac{\pi}{2}\right) \\[2mm] u_L = \sqrt{2}\,U_L\sin\left(\omega t + \dfrac{\pi}{2}\right) \end{array}\right\} \qquad (3-18)$$

它们的波形图如图 3-8（c）所示。

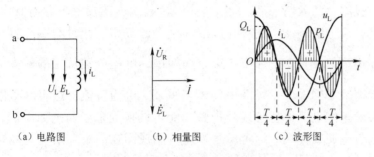

（a）电路图　　　　　（b）相量图　　　　　（c）波形图

图 3-8　纯电感电路

由式（3-18）和图 3-8（c）可知，纯电感电路中的电流 i、电动势 e_L 和电压 u_L 都是同频率的正弦交流量，但它们的相位不同。电压的变化总是超前于电流 $\dfrac{1}{4}$ 周期，反映在相量图上就是电压的相量按逆时针转向超前电流相量 $\dfrac{\pi}{2}$ 弧度，如图 3-8（b）所示。由此得出结论：电感两端的电压超前于电流 $\dfrac{\pi}{2}$ 弧度，或者说电流滞后于电压 $\dfrac{\pi}{2}$ 弧度。

在上述推导过程可以发现

$$U_{Lm} = \omega L I_m$$

或　　　　　　　　　　　$$U_L = \omega L I$$

令　　　　　　　　　　　$$X_L = \omega L$$

则　　　　　　　　　$$X_L = \frac{U_{Lm}}{I_m} = \frac{U_L}{I} \qquad (3-19)$$

式（3-19）与欧姆定律形式相似，但有本质区别。X_L 的单位是欧姆（伏/安），称 X_L 为感抗。感抗 X_L 反映了电感元件阻碍交流电流通过的能力。它的数值决定于线圈的电感 L 和电流的频率 f，即

$$X_L = \omega L = 2\pi f L \qquad (3-20)$$

讨论了纯电感电路中的电压和电流的数值及相位关系后，可以写出如下相量形式：

$$\left.\begin{array}{l} \dot{U}_L = j X_L \dot{I} \\[3mm] \dot{I} = \dfrac{\dot{U}_L}{j X_L} = -j\dfrac{\dot{U}_L}{X_L} \end{array}\right\} \qquad (3-21)$$

纯电感线圈的瞬时功率为

$$P_L = u_L i = U_{Lm} \sin\left(\omega t + \frac{\pi}{2}\right) I_m \sin\omega t$$

即

$$p_L = U_L I \sin2\omega t = X_L I^2 \sin2\omega t \qquad (3-22)$$

由式（3-22）可见，p_L 是一个幅值为 UI 并以 2ω 的角频率随时间而变化的交变量，其变化波形也画在图 3-8（c）上。从图中可以看出，在第 1 个和第 3 个 $\frac{1}{4}$ 周期内，电流分别从零值增加到正的最大值和负的最大值，线圈中的磁场增强，p_L 值为正，这表示线圈从电源方面取用电能，并将其转换为磁场能，储存在线圈周围的磁场中。此时线圈起着一个负载的作用。但在第 2 个和第 4 个 $\frac{1}{4}$ 周期内，电流分别从正的最大值和负的最大值减小到零值，线圈中的磁场减弱，p_L 为负值，这表示线圈是在向电源输送能量，也就是线圈把磁场能再转换为电能而送回电源，此时线圈起着电源的作用。综上所述，纯电感线圈在一个周期内时而储存能量，时而放出能量，这是一种可逆的能量转换过程。

从图 3-8（c）所示的功率波形可知，p_L 的平均值为零，即纯电感从电源取用的平均能量等于零。这从平均功率表达式

$$P_L = \frac{1}{T}\int_0^T p_L dt = \frac{1}{T}\int_0^T U_L I \sin2\omega t\, dt = 0 \qquad (3-23)$$

可见，交流电路中的纯电感元件是不消耗电能的，它只是不断地进行着能量的"吞吐"。故 L 也称为储能元件。

电感时而吸收功率，时而放出功率。在第 1 个和第 3 个 $\frac{1}{4}$ 周期中，电流的绝对值从零增长到最大值，它从电源吸收的电能为

$$W_L = \int_0^{\frac{T}{4}} P_L dt = X_L I^2 \int_0^{\frac{T}{4}} \sin2\omega t\, dt = \frac{L I_m^2}{2} \qquad (3-24)$$

在第 2 个和第 4 个 $\frac{1}{4}$ 周期中，电流的绝对值从最大值下降到零，伴随着电流的衰减，磁场能又转换为电场能而放出。由此可知，电感"吞吐"电能的过程实际上就是电场能与磁场能交替转换的过程。为了表示纯电感电路能量交换速率的大小，将瞬时功率的最大值称为电感元件上的无功功率，用 Q_L 表示为

$$Q_L = U_L I = X_L I^2 = \frac{U_L^2}{X_L} \qquad (3-25)$$

无功功率的单位为乏（var）或千乏（kvar）。

【例 3-4】 把一个 0.1H 的电感元件接到工频电压为 10V 的正弦交流电源上，问电流是多少？如果保持电压不变，而电源频率改变为 500Hz 或 5000Hz，电流将分别是多少？

解　当 $f = 50\text{Hz}$ 时

$$X_\text{L} = 2\pi fL = 2 \times 3.14 \times 50 \times 0.1 = 31.4 \ （\Omega）$$

$$I = \frac{U_\text{L}}{X_\text{L}} = \frac{10}{31.4} \approx 0.318\text{A} = 318 \ （\text{mA}）$$

当 $f = 500\text{Hz}$ 时

$$X_\text{L} = 2\pi fL = 2 \times 3.14 \times 500 \times 0.1 = 314 \ （\Omega）$$

$$I = \frac{U_\text{L}}{X_\text{L}} = \frac{10}{314} \approx 0.0318\text{A} = 31.8 \ （\text{mA}）$$

当 $f = 5000\text{Hz}$ 时

$$X_\text{L} = 2\pi fL = 2 \times 3.14 \times 5000 \times 0.1 = 3140 \ （\Omega）$$

$$I = \frac{U_\text{L}}{X_\text{L}} = \frac{10}{3140} \approx 0.00318\text{A} = 3.18 \ （\text{mA}）$$

可见，在电压有效值一定时，频率越高，感抗值越大，通过电感元件的电流有效值越小。

【例 3-5】　设有一个线圈，其电阻可忽略不计，电感 $L = 35\text{mH}$，在频率为 50Hz 的电压 $U_\text{L} = 110\text{V}$ 的作用下，求：（1）线圈的感抗 X_L；（2）电路中的电流 $\dot{I}$ 及其与 $\dot{U}_\text{L}$ 的相位差 φ；（3）线圈的无功功率 Q_L；（4）线圈的自感电动势 E_L；（5）在 $\frac{1}{4}$ 周期中线圈储存的磁场能量 W_L。

解　（1）$X_\text{L} = 2\pi fL = 2 \times 3.14 \times 50 \times 35 \times 10^{-3} = 11 \ （\Omega）$

（2）设 $\dot{U}_\text{L} = U_\text{L} \underline{/0°}$，则

$$\dot{I} = \frac{\dot{U}_\text{L}}{jX_\text{L}} = \frac{110 \ \underline{/0°}}{11 \ \underline{/90°}} = 10 \ \underline{/-90°} \ （\text{A}）$$

即有效值 $I = 10\text{A}$，其初相位为 $\varphi_i = -90°$，说明 I 滞后于参考相量 $\dot{U}_\text{L} 90°$。

（3）$Q_\text{L} = I^2 X_\text{L} = 10^2 \times 11 = 1100 \ （\text{var}）$

或　$Q_\text{L} = U_\text{L}I = 110 \times 10 = 1100 \ （\text{var}）$

（4）$E_\text{L} = U_\text{L} = 110 \ （\text{V}）$

（5）$W_\text{L} = \frac{1}{2}LI_\text{m}^2 = LI^2 = 35 \times 10^{-3} \times 10^2 = 3.5 \ （\text{J}）$

3.3.3　电容元件的交流电路

如果电路中电容参数的作用比较突出，其他参数的影响可以忽略不计，如当一个电感值和介质损耗都很小的电容器接在交流电路中时，就可视其

为纯电容电路，如图 3-9（a）所示。

（a）电路图

（b）相量图

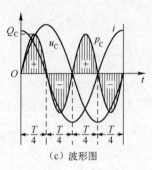
（c）波形图

图 3-9　纯电容电路

设加在电容器两端的正弦电压为

$$u_C = U_{Cm}\sin\omega t$$

则电容器极板上的电荷为

$$q = Cu_C = CU_{Cm}\sin\omega t$$

由此可见，在电容器两端加一交变电压时，极板上的电荷量 q 也将随着电压的变化而变化，导线中就通过交变的电流。

$$i = \frac{dq}{dt} = C\frac{du_C}{dt} = \omega CU_{Cm}\cos\omega t$$

即

$$i = \omega CU_{Cm}\sin\left(\omega t + \frac{\pi}{2}\right) \tag{3-26}$$

电压和电流的正方向、相量图、波形图分别如图 3-9（a）、（b）、（c）所示。由图 3-9 可以看出，在纯电容电路中，当外加正弦电压时，所通过的电流是同频率的正弦波，但电流的相位超前电压 $\frac{\pi}{2}$ 弧度。

由上述讨论易知，电容上的电压与电流之间有如下关系：

$$I_m = \omega CU_{Cm}$$

或

$$I = \omega CU_C$$

令

$$X_C = \frac{1}{\omega C} = \frac{1}{2\pi fC}$$

则

$$X_C = \frac{U_{Cm}}{I_m} = \frac{U_C}{I} \tag{3-27}$$

或

$$I = \frac{U_C}{X_C} \tag{3-28}$$

式（3-27）或式（3-28）与欧姆定律形式相似，X_C 的单位也是欧姆，称为容抗。容抗 X_C 反映了电容元件阻碍交流电流通过的能力。容抗的数值取决于电容量 C 和电流频率 f，即

$$X_C = \frac{1}{\omega C} = \frac{1}{2\pi fC} \tag{3-29}$$

【例3-6】　一个 $3.75\mu F$ 的电容器分别接于50Hz和5kHz、电源电压为220V的正弦交流电路中工作时，求电容的容抗和通过电容的电流各是多少？

解　当 $f_1 = 50\text{Hz}$ 时，

$$X_{C_1} = \frac{1}{\omega_1 C} = \frac{1}{2\pi f_1 C} = \frac{1}{2\pi \times 50 \times 3.75 \times 10^{-6}} \approx 849.3 \ (\Omega)$$

$$I_{C_1} = \frac{U}{X_{C_1}} = \frac{220}{849.3} \approx 0.26 \ (A)$$

当 $f_2 = 5\text{kHz}$ 时，

$$X_{C_2} = \frac{1}{\omega_2 C} = \frac{1}{2\pi f_2 C} = \frac{1}{2\pi \times 5000 \times 3.75 \times 10^{-6}} \approx 8.5 \ (\Omega)$$

$$I_{C_2} = \frac{U}{X_{C_2}} = \frac{220}{8.5} \approx 26 \ (A)$$

可见同一电容器接在不同频率的电路中，所呈现的容抗是不相同的。频率越高，容抗越小，通过电容元件的电流越大。容抗与频率的关系恰与感抗相反。

基于上述讨论，电容电路中的电压与电流之间可以写成相量关系式，即

$$\dot{I} = \frac{\dot{U}_C}{-jX_C} = j\frac{\dot{U}_C}{X_C} \text{或} \dot{U}_C = \frac{\dot{U}_C}{-jX_C}\dot{I} \tag{3-30}$$

纯电容电路的瞬时功率为

$$p_C = u_C i = U_{Cm}\sin\omega t I_m \sin\left(\omega t + \frac{\pi}{2}\right)$$

$$= \sqrt{2}U_C \sin\omega t \sqrt{2}I\sin\left(\omega t + \frac{\pi}{2}\right)$$

$$= 2U_C I \sin\omega t \cos\omega t$$

即

$$p_C = U_C I \sin 2\omega t = X_C I^2 \sin 2\omega t \tag{3-31}$$

与电感电路中的情况相似，p_C 以 2 倍于电压的频率交变着。其平均功率为

$$P_C = \frac{1}{T}\int_0^T p_C \mathrm{d}t = \frac{1}{T}\int_0^T X_C I^2 \sin 2\omega t \mathrm{d}t = 0$$

这是因为在第 1 个和第 3 个 $\frac{1}{4}$ 周期中，电容器从电源吸收的电能，$p_C > 0$；在第 2 个和第 4 个 $\frac{1}{4}$ 周期中，电容器放电，$p_C < 0$，电场的储能送回电源。由此可见，电容器也是一个储能元件。它的瞬时功率的最大值

$$Q_C = U_C I = X_C I^2 = \frac{U_C^2}{X_C} \tag{3-32}$$

称为电容的无功功率，它表示电容器的电场能与电源的电能相互转换的最大速率。

由于 X_C 与 X_L 的特性不同，无功功率 Q_C 和 Q_L 二者也有不同之处，分析表明，若将一个电感和一个电容并接在一个交流电源上，任一时刻，如果 $Q_L > 0$，则 $Q_C < 0$；反之亦然，二者正好相反。通常说，电感元件消耗无功功率 Q_L，电容元件产生无功功率 Q_C。二者的关系犹如负载消耗有功功率，电源产生有功功率一样。

✓⁺ 3.4　电阻、电感、电容元件串联的交流电路

在 3.3 节中讨论了单一参数的交流电路，明确了每种参数的性质及其在交流电路中的作用。本节将研究电阻、电感和电容串联的交流电路，如图 3-10 所示。它是接近实际的典型电路。

在正弦电压 u 的作用下，串联电路内通过的正弦电流 i，在元件 R、L、C 上将分别引起电压 u_R、u_L 和 u_C，其正方向如图 3-10 所示。设电流 $i = I_m \sin\omega t$，则

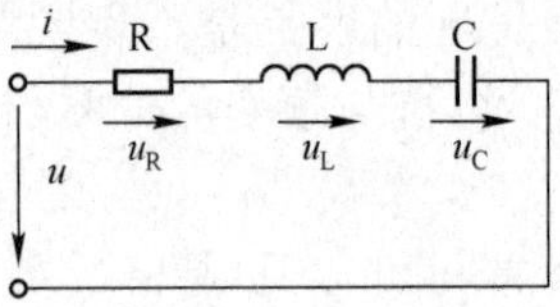

$$u_R = U_{Rm}\sin\omega t = I_m R\sin\omega t$$

$$u_L = U_{Lm}\sin\left(\omega t + \frac{\pi}{2}\right) = I_m\omega L\sin\left(\omega t + \frac{\pi}{2}\right)$$

图 3-10　RLC 串联电路

$$u_C = U_{Cm}\sin\left(\omega t - \frac{\pi}{2}\right) = I_m\frac{1}{\omega C}\sin\left(\omega t - \frac{\pi}{2}\right)$$

根据 KVL，有

$$u = u_R + u_L + u_C \tag{3-33}$$

因为 u_R、u_L、u_C 和 u 均是同频率的正弦电压，可以写成相量形式

$$\dot{U} = \dot{U}_R + \dot{U}_L + \dot{U}_C \tag{3-34}$$

式（3-34）称为相量形式的基尔霍夫电压定律。

设电流相量为 $\dot{I}$，则有

$$\dot{U} = \dot{I}R + j\dot{I}X_L - j\dot{I}X_C = \dot{I}(R + jX_L - jX_C)$$

令

$$Z = R + j(X_L - X_C) = R + jX$$

则

$$\dot{U} = \dot{I}Z \tag{3-35}$$

式（3-35）称为相量形式的欧姆定律。Z 称为复数阻抗，单位是欧姆（Ω）。它仅是电路相量运算中的阻抗表示，而不是相量。

由式（3-34）及 3.3 节的单一参数交流电路的电压与电流的关系，即可画出相量图，如图 3-11（a）所示。作相量图的顺序是：先以电流相量作参考相量，再作 $\dot{U}_R$ 与 $\dot{I}$ 同相，作 $\dot{U}_L$ 超前 $\dot{I}$ $\frac{\pi}{2}$，作 $\dot{U}_C$ 滞后 $\dot{I}$ $\frac{\pi}{2}$，然后采用平行四边形法则或三角形法则，将 $\dot{U}_R$、$\dot{U}_L$、$\dot{U}_C$ 进行相量相加，即可得到端电压 $\dot{U}$ 相量，除了选公共相量 $\dot{I}$ 作参考相量外，还可以选已知相量作参考相量。

在相量图中，$\dot{U}_X = \dot{U}_L + \dot{U}_C$，称为电抗压降。由 $\dot{U}$、$\dot{U}_R$、$\dot{U}_X$ 组成的三角形称为电压三角形，如图 3-11（b）所示。由电压三角形可以求得

$$U = \sqrt{U_R^2 + (U_L - U_C)^2} = \sqrt{(RI)^2 + (X_L I - X_C I)^2} \tag{3-36}$$

$$= I\sqrt{R^2 + (X_L - X_C)^2} = I\sqrt{R^2 + X^2} = I\,|Z|$$

式中，$|Z| = \dfrac{U}{I} = \sqrt{R^2 + (X_L - X_C)^2}$，称为复阻抗模。

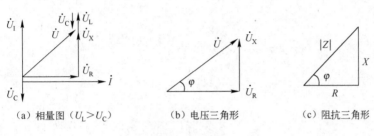

（a）相量图（$U_L > U_C$）　　（b）电压三角形　　（c）阻抗三角形

图 3-11　相量图

由 $|Z|$、R 和 X 三者构成的三角形称为阻抗三角形，如图 3-11（c）所示。显然，电压三角形的各边除以电流 I 后，即得阻抗三角形，二者为相似三角形。阻抗角 φ 是在数值上等于电压与电流的相位差，其大小为

$$\varphi = \arctan \frac{U_L - U_C}{U_R} = \arctan \frac{\omega L - \dfrac{1}{\omega C}}{R} = \arctan \frac{X_L - X_C}{R} = \arctan \frac{X}{R} \tag{3-37}$$

即 RLC 串联电路中端电压与电流间的相位差 φ 决定于电路的参数及电源的频率。

由式（3-37）可知，在频率一定时，不仅相位差 φ 的大小决定于电路的参数，而且电路的性质也与其参数有关。

综上分析，可得以下重要结论：

（1）RLC 串联电路中各电压和电流都是同频率的正弦量。

（2）总电压 u 的有效值（或最大值），与电流 i 的有效值（或最大值）成正比例，比例系数就是复阻抗的模 $|Z|$，$|Z| = \dfrac{U_m}{I_m} = \dfrac{U}{I} \neq \dfrac{u}{i}$。

（3）总电压 u 与电流 i 间的相位差就是电路的阻抗角 φ，它与电源频率和电路参数 R、L、C 有关。$X_L > X_C$ 时，u 超前 i 一个 φ 角；$X_L < X_C$ 时，u 落后 i 一个 φ 角；$X_L = X_C$ 时，u 与 I 同相，这种现象称为谐振。

（4）在交流电路中，基尔霍夫定律只适用于瞬时式和相量式，而不适用于有效值和最大值。所以 $U \neq U_R + U_L + U_C$。

【例 3-7】　在图 3-10 所示的 RLC 串联电路中，设在工频下，$I = 10A$，$U_R = 80V$，$U_L = 180V$，$U_C = 120V$。求（1）总电压 U；（2）电路参数 R、L、C；（3）总电压与电流的相位差；（4）画出相量图。

解 （1）总电压 U：

$$U = \sqrt{U_R^2 + (U_L - U_C)^2} = \sqrt{80^2 + (180 - 120)^2} = 100 \ (V)$$

（2）电路各参数：

电阻 $R = \dfrac{U_R}{I} = \dfrac{80}{10} = 8 \ (\Omega)$

感抗 $X_L = \dfrac{U_L}{I} = \dfrac{180}{10} = 18 \ (\Omega)$

电感 $L = \dfrac{X_L}{\omega} = \dfrac{X_L}{2\pi f} = \dfrac{18}{2 \times 3.14 \times 50} \approx 57 \ (mH)$

容抗 $X_C = \dfrac{U_C}{I} = \dfrac{120}{10} = 12 \ (\Omega)$

电容 $C = \dfrac{1}{\omega X_C} = \dfrac{1}{2\pi f X_C} = \dfrac{1}{2 \times 3.14 \times 50 \times 12} \approx 265 \ (\mu F)$

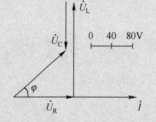

图3-12　例3-7的相量图

（3）总电压与电流的相位差：

$$\varphi = \arctan \frac{U_L - U_C}{U_R} = \arctan \frac{X_L - X_C}{R}$$

$$= \arctan \frac{18 - 12}{8} \approx 36.9°$$

由于 $U_L > U_C$（即 $X_L > X_C$），所以电路呈电感性，故总电压超前于电流36.9°。

（4）以电流为参考相量，画出电压、电流相量图，如图3-12所示。

✓* 3.5　电阻、电感、电容元件并联的交流电路

图3-13所示为3条支路并联的交流电路。这3条支路分别由电阻R、电容C和电感L组成。现在用相量法来进行分析。

3.5.1　电压、电流的关系

在并联电路中，由于各支路的端电压相等，因此选这一公共量为参考相量。设

$$u = \sqrt{2} U \sin\omega t$$

用相量表示即为

$$\dot{U} = U \angle 0°$$

在电路端电压的作用下，将在各支路内产生电流，其正方向如图3-13（a）所示，各支路的电流相量分别为

$$\left. \begin{array}{l} \dot{I}_{\mathrm{R}} = \dfrac{\dot{U}}{Z_{\mathrm{R}}} = \dfrac{\dot{U}}{R} = \dfrac{U}{R}\angle 0° \\[3mm] \dot{I}_{\mathrm{L}} = \dfrac{\dot{U}}{Z_{\mathrm{L}}} = \dfrac{\dot{U}}{\mathrm{j}\omega L} = \dfrac{\dot{U}}{\mathrm{j}X_{\mathrm{L}}} = \dfrac{U}{X_{\mathrm{L}}}\angle -90° \\[3mm] \dot{I}_{\mathrm{C}} = \dfrac{\dot{U}}{Z_{\mathrm{C}}} = \dfrac{\dot{U}}{\dfrac{1}{\mathrm{j}\omega C}} = \dfrac{\dot{U}}{-\mathrm{j}X_{\mathrm{C}}} = \dfrac{U}{X_{\mathrm{C}}}\angle 90° \end{array} \right\} \qquad (3-38)$$

即电阻支路的电流 $\dot{I}_{\mathrm{R}}$ 与 $\dot{U}$ 同相；电感支路的电流 $\dot{I}_{\mathrm{L}}$ 滞后于电压 $\dot{U}$ 90°；电容支路的电流 $\dot{I}_{\mathrm{C}}$ 超前于电压 $\dot{U}$ 90°，如图 3-13（b）所示。

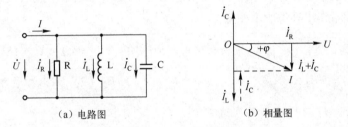

（a）电路图　　　　　　（b）相量图

图 3-13　RLC 并联电路

3.5.2　导纳

根据基尔霍夫电流定律可以直接写出总电流的相量与各支路电流相量的关系式

$$\dot{I} = \dot{I}_{\mathrm{R}} + \dot{I}_{\mathrm{L}} + \dot{I}_{\mathrm{C}} = \dfrac{\dot{U}}{R} - \mathrm{j}\dfrac{\dot{U}}{X_{\mathrm{L}}} + \mathrm{j}\dfrac{\dot{U}}{X_{\mathrm{C}}} = \dot{U}\left[\dfrac{1}{R} - \mathrm{j}\left(\dfrac{1}{X_{\mathrm{L}}} - \dfrac{1}{X_{\mathrm{C}}}\right)\right] \quad (3-39)$$

其电路阻抗为

$$Z = \dfrac{\dot{U}}{\dot{I}} = \dfrac{1}{\dfrac{1}{R} - \mathrm{j}\left(\dfrac{1}{X_{\mathrm{L}}} - \dfrac{1}{X_{\mathrm{C}}}\right)} \qquad (3-40)$$

应用式（3-40）计算等效阻抗并不方便，特别是并联支路较多时，因此在分析与计算并联交流电路中常引用导纳。导纳是阻抗的倒数，即

$$Y = \dfrac{1}{Z} = \dfrac{1}{R} - \mathrm{j}\left(\dfrac{1}{X_{\mathrm{L}}} - \dfrac{1}{X_{\mathrm{C}}}\right) = G - \mathrm{j}(B_{\mathrm{L}} - B_{\mathrm{C}}) \qquad (3-41)$$

式中，$G = \dfrac{1}{R}$，称为电路的电导，$B_{\mathrm{L}} = \dfrac{1}{X_{\mathrm{L}}}$，称为电路的感纳，$B_{\mathrm{C}} = \dfrac{1}{X_{\mathrm{C}}}$，称为电路的容纳。

即　　　　　$Y = \dfrac{1}{R} - \mathrm{j}\dfrac{1}{X_{\mathrm{L}}} + \mathrm{j}\dfrac{1}{X_{\mathrm{C}}} = Y_{\mathrm{R}} + Y_{\mathrm{L}} + Y_{\mathrm{C}} = Y_1 + Y_2 + Y_3$

在 SI 中，电导、电纳和导纳的模的单位均为西门子（S），$1\mathrm{S} = 1\Omega^{-1}$。

将式（3-39）表示为相量图，如图 3-13（b）所示（图中假定 $I_{\mathrm{L}} > I_{\mathrm{C}}$）。

图中总电流相量的长度即是总电流的有效值。相量图上由电流 $\dot{I}_R$、$(\dot{I}_L + \dot{I}_C)$ 和 $\dot{I}$ 构成的直角三角形称为电流三角形。总电流与电压的相位差为

$$\varphi = \arctan \frac{I_L - I_C}{I_R} = \arctan \frac{\dfrac{1}{X_L} - \dfrac{1}{X_C}}{\dfrac{1}{R}} \tag{3-42}$$

3.5.3 相量图

串联电路中，常用串联电流为参考相量，然后根据所选定的参考相量作出其他所求相量；并联电路中，常用并联电压为参考相量，然后根据所选定的参考相量作出其他所求相量。

【例3-8】 在 RLC 并联电路中，$R = 10\Omega$，$X_C = 8\Omega$，$X_L = 15\Omega$，$U = 120\text{V}$，$f = 50\text{H}_z$。试求：(1) $\dot{I}_R$、$\dot{I}_L$、$\dot{I}_C$、$\dot{I}$；(2) 画出相量图；(3) 写出 $\dot{I}_R$、$\dot{I}_L$、$\dot{I}_C$ 及 I 的表达式。

解 取电压为参考相量，令 $\dot{U} = 120 \angle 0°$ V，则

(1) $\dot{I}_R = \dfrac{\dot{U}}{R} = \dfrac{120 \angle 0°}{10} = 12 \angle 0°$ （A）

$\dot{I}_L = \dfrac{\dot{I}}{jX_L} = \dfrac{120 \angle 0°}{j15} = 8 \angle -90°$ （A）

$\dot{I}_C = \dfrac{\dot{U}}{-jX_C} = \dfrac{120 \angle 0°}{-j8} = 15 \angle 90°$ （A）

$\dot{I} = \dot{I}_R + \dot{I}_L + \dot{I}_C = 12 \angle 0° + 8 \angle -90° + 15 \angle 90°$

$= 12 + j\,7 = 13.9 \angle 30.2°$ （A）

(2) 相量图如图 3-14 所示。

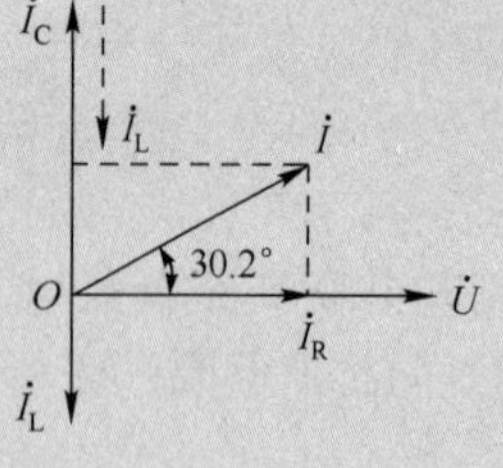

(3) 写出各电流的瞬时值表达式。

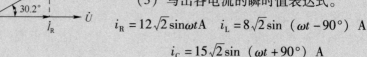

$i_R = 12\sqrt{2} \sin\omega t\,\text{A}$ $i_L = 8\sqrt{2} \sin (\omega t - 90°)$ A

$i_C = 15\sqrt{2} \sin (\omega t + 90°)$ A

图 3-14 例 3-8 的相量图 $i = 13.9\sqrt{2} \sin (\omega t + 30.2°)$ A

3.6 阻抗的串联和并联

在交流电路中，阻抗的连接形式是多种多样的，其中最简单、最常用的是串联与并联。

3.6.1　阻抗的串联

1. 电路的阻抗

图 3-15（a）所示为两个负载串联的交流电路，根据基尔霍夫电压定律不难得出

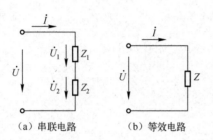

（a）串联电路　　　（b）等效电路

图 3-15　阻抗的串联

$$\dot{U} = \dot{U}_1 + \dot{U}_2 = Z_1 \dot{I} + Z_2 \dot{I}$$

$$= (Z_1 + Z_2)\dot{I} = Z\dot{I} \tag{3-43}$$

式中，Z 称为电路的等效阻抗，必须注意它为一复数。串联电路的等效阻抗等于各串联阻抗之和，即

$$Z = (Z_1 + Z_2)$$

$$= (R_1 + jX_1) + (R_2 + jX_2)$$

$$= (R_1 + R_2) + (jX_1 + jX_2) = R + jX$$

$$= \sqrt{R^2 + X^2}\angle \arctan\frac{X}{R} = |Z|\angle\varphi \tag{3-44}$$

式中，$\qquad\qquad R = R_1 + R_2, \quad X = X_1 + X_2 \tag{3-45}$

分别称为串联电路的等效电阻和等效电抗。由此画出串联电路的等效电路如图 3-15（b）所示。因为一般

$$U \neq U_1 + U_2 \tag{3-46}$$

即$\qquad\qquad I|Z| \neq I|Z_1| + I|Z_2| \tag{3-47}$

所以$\qquad\qquad |Z| \neq |Z_1| + |Z_2| \tag{3-48}$

由此可见，只有等效复数阻抗才等于各个串联复数阻抗之和。在一般情况下，有

$$Z = \sum Z_k = \sum R_k + j\sum X_k = |Z|e^{j\varphi} \tag{3-49}$$

式中，$\qquad\left.\begin{array}{l} |Z| = \sqrt{\left(\sum R_k\right)^2 + \left(\sum X_k\right)^2} \\[2mm] \varphi = \arctan\dfrac{\sum X_k}{\sum R_k} \end{array}\right\} \tag{3-50}$

【注意】在上列各式的 $\sum X_k$ 中，感抗 X_L 取正值，容抗 X_C 取负值。

2. 分压原理

当两个复阻抗串联时（见图 3-15），则阻抗上的电压与总电压有如下关系：

（1）
$$\dot{I} = \frac{\dot{U}_1}{Z_1} = \frac{\dot{U}_2}{Z_2} = \frac{U}{Z}$$

即
$$\frac{\dot{U}_1}{\dot{U}_2} = \frac{Z_1}{Z_2}$$

即每个元件上的电压与其复阻抗成正比。

（2）分压原理　　　　$\dot{U}_1 = \frac{Z_1}{Z}\dot{U}$,　$\dot{U}_2 = \frac{Z_2}{Z}\dot{U}$

3.6.2　阻抗的并联

图 3-16（a）所示为两个阻抗的并联电路，其等效电路如图 3-16（b）所示。

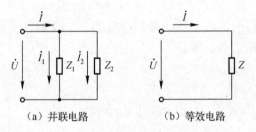

（a）并联电路　　　　（b）等效电路

图 3-16　阻抗的并联

1. 电路的导纳

$$\dot{I} = \dot{I}_1 + \dot{I}_2 = \dot{U}\,(Y_1 + Y_2)\ = Y\dot{U}$$

即
$$Y = Y_1 + Y_2$$

2. 分流原理

在图 3-16 所示电路中，有如下关系

（1）
$$\frac{\dot{I}_1}{\dot{I}_2} = \frac{Y_1}{Y_2}$$

即各支路电流与该支路的导纳成正比。

（2）分流原理：

$$\dot{I}_1 = \frac{Y_1}{Y}\dot{I}$,　$\dot{I}_2 = \frac{Y_2}{Y}\dot{I}$$

【例3-9】　在图3-17（a）所示的电路中，$Z_1 = 4 + j10\Omega$，$Z_2 = 8 - j6\Omega$，$Y_3 = -j0.12S$，$U = 60V$，试求：（1）各支路电流 $\dot{I}_1$、$\dot{I}_2$ 和 $\dot{I}_3$，并画出电压和电流的相量图；（2）i_1、i_2、i_3。

解　（1）设各支路电路的正方向见图3-17（a），取电压为参考相量，即

$$\dot{U} = 60\angle 0° \text{ V}$$

$\because$　$Y_{23} = \dfrac{1}{Z_2} + Y_3 = \dfrac{1}{8 - j6} - j0.12$

$$= \dfrac{8 + 6j}{8^2 + 6^2} - j0.12 = 0.08 - j0.06 = 0.1\angle -36.8° \text{ (S)}$$

$\therefore$　$Z_{23} = \dfrac{1}{Y_{23}} = \dfrac{1}{0.1\angle -36.8°} = 10\angle 36.8° = 8 + j6 \text{ （}\Omega\text{）}$

则，$Z = Z_1 + Z_{23} = 4 + j10 + 8 + j6 = 12 + j16 = 20\angle 53.2° \text{ （}\Omega\text{）}$

$$\dot{I}_1 = \dfrac{\dot{U}}{Z} = \dfrac{60\angle 0°}{20\angle 53.2°} = 3\angle -53.2° \text{ (A)}$$

再由分流公式，有 $\dot{I}_2 = \dfrac{Y_2\,\dot{I}_1}{Y_{23}} = 3\angle 20.4° \text{ A}$

$\dot{I}_3 = Y_3(Z_{23}\dot{I}_1) = (-j0.12) \times (10\angle 36.8° \times 3\angle -53.2°)$

$\quad = 3.6\angle -106.4° \text{ (A)}$

画出电压、电流的相量图，如图3-17（b）所示。

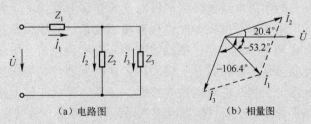

（a）电路图　　　　　（b）相量图

图3-17　例3-9的图

（2）i_1、i_2、i_3 表达式如下：

$$i_1 = 3\sqrt{2}\sin(\omega t - 53.2°) \text{ A}$$

$$i_2 = 3\sqrt{2}\sin(\omega t + 20.4°) \text{ A}$$

$$i_3 = 3.6\sqrt{2}\sin(\omega t - 106.4°) \text{ A}$$

【例3-10】　在图3-18所示电路中，已知 $\dot{U}_1 = 230\angle 0° \text{ V}$，$\dot{U}_2 = $

$227 \underline{/0°}$ V，$Z_1 = 0.1 + j0.5\Omega$，$Z_2 = 0.1 + j0.5\Omega$，$Z_3 = 5 + j5\Omega$。试求电流 $\dot{I}_3$。

解 根据支路电流法，由 KCL 及 KVL 可列出方程

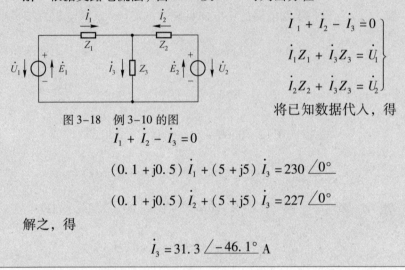

$$\left. \begin{array}{l} \dot{I}_1 + \dot{I}_2 - \dot{I}_3 = 0 \\ \dot{I}_1 Z_1 + \dot{I}_3 Z_3 = \dot{U}_1 \\ \dot{I}_2 Z_2 + \dot{I}_3 Z_3 = \dot{U}_2 \end{array} \right\}$$

图 3-18　例 3-10 的图

将已知数据代入，得

$$\dot{I}_1 + \dot{I}_2 - \dot{I}_3 = 0$$

$$(0.1 + j0.5)\dot{I}_1 + (5 + j5)\dot{I}_3 = 230 \underline{/0°}$$

$$(0.1 + j0.5)\dot{I}_2 + (5 + j5)\dot{I}_3 = 227 \underline{/0°}$$

解之，得

$$\dot{I}_3 = 31.3 \underline{/-46.1°} \text{ A}$$

本例还可以由戴维南定理、叠加定理、节点电压法进行求解，请读者进行计算。

✓⁺ 3.7　几种实际电气元件的电路模型

工程中运行的实际电路通常由多种电气元件和器件按一定方式连接而成。任何实际电路在运行过程中的表现都相当复杂，其原因是所应用的实际元器件（如电阻器、电容器、电感线圈等）在实际电流、电压和环境条件下的性能复杂多变，要在数学上精确描述这些元器件相当困难。为了用数学的方法从理论上判断电路的主要性能，必须将组成实际电路的电子元器件在一定条件下按其主要性质加以理想化，从而得到一系列理想化元件，这些理想化元件成为实际元器件的电路模型。下面讨论几种常见实际电气元器件的电路模型。

1. 电感线圈

由物理学可知，当导线中有电流流过时，在它的周围就建立起磁场。工程中，广泛应用各种线圈建立磁场，储存磁能。图 3-19（a）所示为实际线圈的示意图。当电流 $i(t)$ 通过线圈时，它就激发磁通 $\Phi(t)$，同时也在导线电阻中消耗能量。可以用电感元件和电

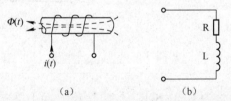

（a）　　　　　　（b）

图 3-19　实际线圈示意图及其等效电路模型

阻元件的串、并联电路作为实际电感线圈的电路模型, 如图3-19 (b) 所示。

2. 电容器

众所周知, 实际电容器是一种能聚集电荷的元件, 电荷聚集的过程必然伴随着电场的建立过程。所以电容器具有存储电场能量的本领。考虑到实际工作中的有些电容器所消耗的能量不能忽略, 这些能量损耗主要是由泄漏电流造成的, 还包括介质处于反复极化时所消耗的能量, 所以实际电容器可以用理想电阻元件和电容元件的并联电路作为其实际电路模型, 如图3-20 所示。

3. 趋肤效应

趋肤效应是导体中电场、磁场及电流密度分布的一种规律。导体的电阻根据物理学中已知 $R = \rho \dfrac{l}{S}$, 而实际电阻要大于该计算值, 原因是趋肤效应和临近效应等的影响。下面以圆形的单根导线为例, 说明趋肤效应对导体中电流密度的影响, 如图3-21 所示。

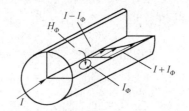

图3-20　实际电容器的等效电路模型　　　图3-21　单导体电流密度分布

当导体中通一电流 I 时, 将产生磁场 H_Φ, 磁场 H_Φ 产生环路电流 I_Φ, 该电流 I_Φ 靠近导体轴心时与原电流 I 反方向, 越靠近边缘的电流与原电流 I 同方向, 于是产生电流的重新分布, 从而导体的表面电流密度最大, 而在导体的轴心处最小。趋肤效应的存在无形中减小了导体的实际导流截面积, 增大了导体电阻。

√+ 3.8　正弦交流电路中的谐振

在具有电感和电容元件的电路中, 电路两端的电压与其中的电流一般是不同相的。但当电源的频率和电路的参数 (L 和 C) 符合一定条件时, 将会出现电路的端电压和总电流同相的现象, 这种现象称为谐振。谐振现象在电子技术中有着广泛的应用, 但在电力系统中又应尽可能地避免。研究谐振的目的就是要认识这种客观现象, 并在生产上充分利用谐振的特征, 同时又要预防它所产生的危害。按发生谐振的电路不同, 谐振现象可分为串联谐振和并联谐振。

3.8.1 串联谐振

在讨论 RLC 串联电路时，曾经提到，当电路中感抗 X_L 和容抗 X_C 相等，即电感上电压 U_L 和电容上电压 U_C 相等时，电路总的端电压与电流同相，阻抗角 $\varphi = 0°$。这种现象称为串联谐振。

1. 产生串联谐振的条件

产生串联谐振的条件是

$$X_L = X_C$$

即

$$\omega_0 L = \frac{1}{\omega_0 C}$$

这时 $\varphi = \arctan \dfrac{X_L - X_C}{R} = 0°$。

2. 串联谐振电路的特点

（1）电流与端电压同相，电路呈纯阻性。

（2）串联谐振时，电路的阻抗最小，在一定电压下，电路中电流的有效值最大。

由电路的阻抗模 $|Z| = \sqrt{R^2 + \left(\omega L - \dfrac{1}{\omega C}\right)^2}$ 和电路的电流 $I = \dfrac{U}{\sqrt{R^2 + \left(\omega L - \dfrac{1}{\omega C}\right)^2}}$

可知：若 $\omega L = \dfrac{1}{\omega C}$，则串联谐振时的阻抗 $|Z| = R$，这时电路的阻抗最小，电流 $I_0 = \dfrac{U}{R}$ 为最大。若 $\omega L \neq \dfrac{1}{\omega C}$，则 $|Z| > R$，$I_0 < \dfrac{U}{R}$。

根据阻抗 $|Z|$ 和电流 I 的公式可作出 $|Z| - f$ 曲线以及 $I - f$ 曲线，分别称为阻抗的频率响应曲线和电流的频率响应曲线，如图 3-22 和图 3-23 所示。

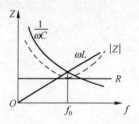

图 3-22　阻抗的频率响应曲线

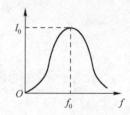

图 3-23　电流的频率响应曲线

（3）串联谐振时，$U_L = U_C$，二者相位相反，互相抵消，对整个电路不起作用，因此电源电压 $\dot{U} = \dot{U}_R$。但 $\dot{U}_L$ 和 $\dot{U}_C$ 的单独作用不能忽视，它们的有效值分别为

$$U_L = LX_L = \frac{\omega L}{R}U = QU$$

$$U_C = LX_C = \frac{1}{\omega CR}U = QU \qquad (3-51)$$

$$Q = \frac{\omega L}{R} = \frac{1}{\omega CR}$$

Q 称为谐振电路的品质因数。令谐振时的角频率为 ω_0，则

$$Q = \frac{\omega_0 L}{R} = \frac{1}{\omega_0 CR} \qquad (3-52)$$

$$U_L = U_C = QU > U$$

即电感和电容上电压的有效值比外加总电压的有效值高出 Q 倍，这就是 Q 值的物理意义。所以串联谐振又称为电压谐振。在无线电接收机中，当外来信号很微弱时，可以利用串联谐振来获得较高的信号电压。

（4）电源与电路之间不发生能量交换，能量交换只发生在电感与电容之间。

当 L、C 为定值时，使电路发生串联谐振的电源频率 f_0 为谐振频率。

$$f_0 = \frac{1}{2\pi\sqrt{LC}} \qquad (3-53)$$

3. 谐振电路的选频特性

由电流频率响应曲线可以看出，当电流频率 f 偏离谐振频率 f_0 时，I 值明显下降，只有在谐振频率最临近处，电路中的电流才能有较大的值，而其他频率的电流则很小。这种能把谐振频率附近的电流选择出来的特性称为电路的选频特性，又称为电路的选择性。谐振曲线的形状与谐振回路的品质因数 Q 有很大关系，Q 值越高，谐振曲线越尖锐，电路的频率选择性就越强，这是电路品质因数的另外一个物理意义。

为了描述谐振电路的频率选择性，我们引入通频带宽度的概念。按照规定，当电流下降到最大有效值 I_0 的 70.7% 时，所包含的一段频率范围称为谐振电路的通频带宽度，如图 3-24 所示。即

$$\Delta f = f_2 - f_1 \qquad (3-54)$$

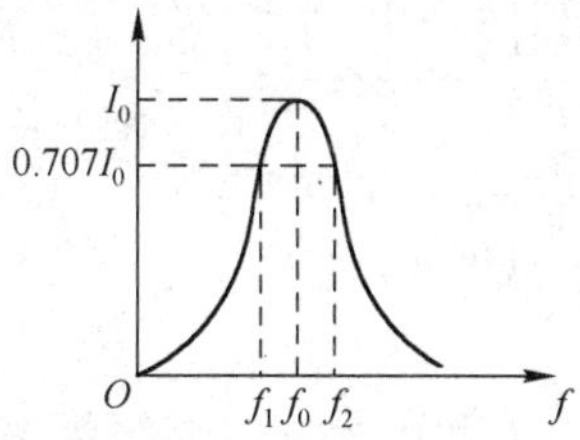

图 3-24 通频带宽度

若 Q 值较高，则谐振电路的通频带宽度较小，电路的选择性就较好。但应指出，谐振电路的通频带宽度并不一定越小越好，而应符合所需要传输的信号对通频带宽度的要求。

【例 3-11】 将一个线圈（$L=4\text{mH}$，$R=50\Omega$）与电容器 $C=160\text{pF}$ 串联，接在 $U=25\text{V}$ 的电源上。（1）当 $f_0=200\text{kHz}$ 时发生谐振，求电流与电容器上的电压；（2）当频率增加 10% 时，求电流与电容器上的电压。

解 （1）当 $f_0=200\text{kHz}$ 电路发生谐振时，

$$X_L = 2\pi f_0 L = 2 \times 3.14 \times 200 \times 10^3 \times 4 \times 10^{-3} = 5024(\Omega)$$

$$X_C = \frac{1}{2\pi f_0 C} = \frac{1}{2 \times 3.14 \times 200 \times 10^3 \times 160 \times 10^{-12}} \approx 4976(\Omega)$$

$$I_0 = \frac{U}{R} = \frac{25}{50} = 0.5(\text{A})$$

$$U_C = I_0 X_C = 0.5 \times 4976 = 2488(\text{V}) \quad (\gg U)$$

（2）当频率增加 10% 时，

$$X_L = 5024(1 + 10\%) \approx 5526(\Omega)$$

$$X_C = \frac{4976}{(1 + 10\%)} \approx 4524(\Omega)$$

$$|Z| = \sqrt{50^2 + (5526 - 4524)^2} \approx 1003(\Omega) \quad (\gg R)$$

$$I = \frac{U}{|Z|} = \frac{25}{1003} \approx 0.025(\text{A}) \quad (< I_0)$$

$$U_C = I X_C = 0.025 \times 4524 \approx 113(\text{V}) \quad (\ll 2488\text{V})$$

可见偏离谐振频率 10% 时，I 和 U_C 就大大减小。

3.8.2　并联谐振

1. 产生并联谐振的条件

图 3-25 所示为电容器与线圈并联的电路。电路等效阻抗为

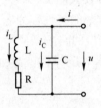

图 3-25　电容器与
线圈并联电路

$$Z = \frac{\dfrac{1}{\text{j}\omega C}(R + \text{j}\omega L)}{\dfrac{1}{\text{j}\omega C} + (R + \text{j}\omega L)} = \frac{R + \text{j}\omega L}{1 + \text{j}\omega RC - \omega^2 LC}$$

通常要求线圈电阻很小，所以一般谐振时，$\omega L \gg R$，则上式可写成

$$Z \approx \frac{\text{j}\omega L}{1 + \text{j}\omega RC - \omega^2 LC} = \frac{1}{\dfrac{RC}{L} + \text{j}\left(\omega C - \dfrac{1}{\omega L}\right)} \quad (3\text{-}55)$$

由此可得并联谐振频率

$$\omega_0 C = \frac{1}{\omega_0 L} \qquad \omega_0 = \frac{1}{\sqrt{LC}} \text{或} f = f_0 = \frac{1}{2\pi}\sqrt{\frac{1}{LC} - \frac{R^2}{L^2}} \approx \frac{1}{2\pi}\frac{1}{\sqrt{LC}}$$

2. 并联谐振的特点

（1）电路中总电流最小，总阻抗最大。并联电路发生谐振时，根据式（3-55），电路的阻抗模为

$$|Z_0| = \frac{1}{\dfrac{RC}{L}} = \frac{L}{RC}$$

电路中的电流 I 在谐振时达到最小，即

$$I = I_0 = \frac{U}{|Z_0|} = \frac{U}{\dfrac{L}{RC}}$$

阻抗与电流的谐振曲线如图 3-26 所示。

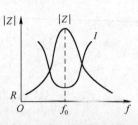

图 3-26　并联电路的谐振曲线

（2）由于电源电压与电路中电流同相（$\varphi = 0°$），因此电路对电源呈电阻性。谐振时电路的阻抗 $|Z_0|$ 相当于一个电阻。

（3）谐振时，L、C 支路可能产生过电流。

并联谐振时

$$I_L = \frac{U}{\sqrt{R^2 + (2\pi f_0 L)^2}} \approx \frac{U}{2\pi f_0 L}$$

$$I_C = \frac{U}{\dfrac{1}{2\pi f_0 C}}$$

而

$$|Z_0| = \frac{L}{RC} = \frac{\omega_0 L}{R \omega_0 C} = \frac{(\omega_0 L)^2}{R} \approx \frac{(2\pi f_0 L)^2}{R}$$

当 $2\pi f_0 L \gg R$ 时

$$2\pi f_0 L \approx \frac{1}{2\pi f_0 C} \ll \frac{(2\pi f_0 L)^2}{R}$$

于是可得 $I_L \approx I_C \gg I_0$，即谐振时并联支路电流远大于总电流。因此并联谐振也称为电流谐振。

I_C 或 I_L 与总电流 I_0 之比值，称为电路的品质因数，即

$$Q = \frac{I_L}{I_0} = \frac{2\pi f_0 L}{R} = \frac{\omega_0 L}{R} = \frac{1}{\omega_0 CR}$$

（4）如果并联谐振电路改由恒流源供电，当电源为某一频率时，电路发生谐振，电路阻抗最大，电流通过时在电路两端产生的电压也最大；当电源为其他频率时，电路不发生谐振，阻抗较小，电路两端的电压也较小。这就是并联谐振电路的选频作用。电路的品质因数 Q 值越大（在 L 和 C 值不变时 R 值越小），谐振时电路的阻抗 $|Z_0|$ 也越大（$|Z_0| = Q\sqrt{\dfrac{L}{C}}$），阻抗谐振曲线也越尖锐，如图 3-27 所示，选择性也就越强。并联谐振在无线电工程和工业电子技术中也起着重要作用，如利用并联谐振时阻抗高的特点来选择信号或消除干扰。

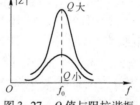

图 3-27　Q 值与阻抗谐振曲线的关系

【例 3-12】　有一个 100pF 的电容器和一个电阻为 10Ω、电感为 0.4mH 的线圈。求下列两种情况下谐振阻抗和谐振频率，并加以比较：
（1）接成串联谐振电路；（2）接成并联谐振电路。

　　解　（1）接成串联谐振电路时，
$$|Z_0| = R = 10\Omega$$

$$f_0 = \frac{1}{2\pi \sqrt{LC}} = \frac{1}{2\pi \sqrt{0.4 \times 10^{-3} \times 100 \times 10^{-12}}} \approx 796 (\text{kHz})$$

（2）接成并联谐振电路时，

$$|Z_0| = \frac{L}{RC} = \frac{0.4 \times 10^{-3}}{10 \times 100 \times 10^{-12}} = 400 (\text{k}\Omega)$$

$$f_0 = \frac{1}{2\pi}\sqrt{\frac{1}{LC} - \frac{R^2}{L^2}} = \frac{1}{2\pi}\sqrt{\frac{1}{0.4 \times 10^{-3} \times 100 \times 10^{-12}} - \frac{10^2}{(0.4 \times 10^{-3})^2}}$$
$$\approx 796\,(\mathrm{kHz})$$

比较（1）、（2）的计算结果可知，谐振频率近似相等，但并联谐振时的阻抗为串联谐振时的 4 万倍。

3.9 正弦交流电路的功率

关于单一参数交流电路的功率，已在 3.3 节进行了较详尽的讨论。本节遵循由特殊到一般的原则，对交流电路的功率进行一般性的分析。

3.9.1 瞬时功率

设某一电路中的电流 $i = \sqrt{2}I\sin\omega t$

由路端电压为 $u = \sqrt{2}U\sin(\omega t + \varphi)$

则电路的瞬时功率为

$$\begin{aligned}
p &= ui\\
&= \sqrt{2}U\sin(\omega t + \varphi)\sqrt{2}I\sin\omega t\\
&= 2UI\sin(\omega t + \varphi)\sin\omega t\\
&= 2UI\cos\varphi\sin^2\omega t + UI\sin\varphi\sin2\omega t \qquad (3-56)
\end{aligned}$$

如果电路中只有耗能元件（电阻），则 $\varphi = 0$，$\cos\varphi = 1$，$\sin\varphi = 0$，$U = U_{\mathrm{R}}$，因而式（3-56）就是式（3-15）；如果电路中只有储能元件（电感或电容元件），则 $\varphi = \pm90°$，$\cos\varphi = 0$，$\sin\varphi = 1$，因而式（3-56）就是式（3-22）或式（3-31）。由此可见，在一般的交流电路中，瞬时功率分为两部分，一部分是这一瞬时电阻上所消耗的电功率，另一部分是同一瞬时储能元件电感或电容所储存或释放的电功率。

根据 i、u、p 各表达式画出电压、电流和瞬时功率随时间变化的曲线，如图 3-28 所示。从图中可知，瞬时功率有时为正，有时为负。当电压和电流的实际方向一致时，功率为正值，表明电路从电源取用功率；当电压和电流的实际方向相反时，功率为负值，表明电路将功率送还给电源。在一个周期内，功率为正值的时间比其为负值时间长，因此总的看来，电路取用了电源的功率。

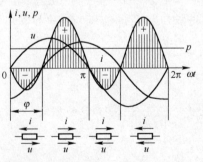

图 3-28 i、u、p 曲线

3.9.2　有功功率

前已指出，交流电功率是指瞬时功率在一个周期内的平均值，又称为有功功率，简称功率。由式（3-56）可得

$$P = \frac{1}{T} \int_0^T p \mathrm{d}t$$

$$= \frac{1}{T} \int_0^T \left(2UI\cos\varphi \sin^2\omega t + UI\sin\varphi \sin 2\omega t \right) \mathrm{d}t$$

$$= \frac{UI}{T}\cos\varphi \int_0^T \sin^2\omega t \mathrm{d}t = UI\cos\varphi \qquad (3\text{-}57)$$

3.9.3　无功功率

无功功率是指交流电路中的电阻在一个周期内的平均消耗的功率。式（3-56）中的第 2 项属于储能元件储放的功率，在一个周期内的平均值为零，而其最大值

$$Q = UI\sin\varphi \qquad (3\text{-}58)$$

即电路的无功功率。

式（3-57）和式（3-58）是交流电路的有功功率和无功功率的一般表达式。它们可用于整个正弦电路或电路中的任何一段。由式（3-57）可以看出，它与计算直流电功率的公式不同之处在于多了一个系数 $\cos\varphi$，它是交流电压与电流之间相位差的余弦，称为功率因数。相应的 φ 角称为功率因数角，它决定于交流电路的参数和频率。

图 3-29 所示为一般感性交流电路中的电压和电流相量图。在图 3-29（a）中将电压相量分解为两个分量：一个是与电流 $\dot{I}$ 同相的分量 $\dot{U}_\mathrm{a}$，称为有功电压，另一个是与电流垂直的分量 $\dot{U}_\mathrm{r}$，称为无功电压，即

$$U_\mathrm{a} = U\cos\varphi, \quad U_\mathrm{r} = U\sin\varphi \qquad (3\text{-}59)$$

于是　　　　　　　　　$$P = UI\cos\varphi = U_\mathrm{a}I \qquad (3\text{-}60)$$

$$Q = UI\sin\varphi = U_\mathrm{r}I \qquad (3\text{-}61)$$

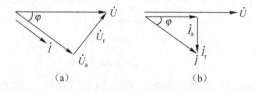

图 3-29　感性电流电路电压和电流相量图

同样地，也可以将电流相量 $\dot{I}$ 分解为两个分量，如图 3-29（b）所示；一个是与电压 $\dot{U}$ 同相的分量 $\dot{I}_\mathrm{a}$，称为有功电流；另一个是与电压 $\dot{U}$ 垂直的分

量 $\dot{I}_r$，称为无功电流，即

$$\dot{I}_a = \dot{I}\cos\varphi, \quad \dot{I}_r = \dot{I} = \sin\varphi \tag{3-62}$$

于是

$$P = UI\cos\varphi = UI_a \tag{3-63}$$

$$Q = UI\sin\varphi = UI_r \tag{3-64}$$

根据阻抗三角形（见图3-11）可知

$$\cos\varphi = \frac{R}{|Z|} \tag{3-65}$$

$$\sin\varphi = \frac{X}{|Z|} \tag{3-66}$$

因此有功功率和无功功率又可分别写为

$$P = UI\cos\varphi = UI\frac{R}{|Z|} = I^2 R \tag{3-67}$$

$$Q = UI\sin\varphi = UI\frac{X}{|Z|} = I^2 X \tag{3-68}$$

这些结果进一步表明：电路中所消耗的有功功率就是电阻上所消耗的功率；在电源和负载之间进行能量交换的无功功率是由电路中的电抗而引起的。

3.9.4 视在功率

在生产实际中，负载所消耗的功率是由发电机和变压器供给的，其大小由电压、电流的有效值和功率因数所决定。但在设计和制造这些电气设备时，取决于负载参数的功率因数是无法预先知道的。因此，这些设备的额定容量可用其额定电压与额定电流的乘积表示，称之为视在功率，用 S 表示，即

$$S = UI \tag{3-69}$$

视在功率也具有功率的量纲，但为了能与有功功率、无功功率区别开来，一般不用瓦特作为单位，而用伏安（V·A）或千伏安（kV·A）作为单位。

基于上述讨论，视在功率与有功功率、无功功率之间的关系是

$$\left.\begin{array}{l} P = S\cos\varphi \\ Q = S\sin\varphi \\ S = \sqrt{P^2 + Q^2} \end{array}\right\} \tag{3-70}$$

三者可以构成一个直角三角形，称为功率三角形，如图3-30所示。为了便于记忆，将阻抗三角形、电压三角形和功率三角形绘制在一起。它们都是相似三角形，不过电压三角形是由电压相量构成的"有向"三角形，而阻抗三角形和功率三角形是"无向"三角形，因为它们不是相量，故各边均不带箭头，以示区别。

由图3-30可知，电路的功率因数可由下式计算：

$$\cos\varphi = \frac{U_R}{U} = \frac{R}{|Z|} = \frac{P}{S} \qquad (3-71)$$

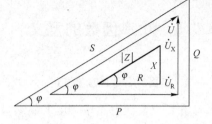

如果电路中接有很多个负载，这时电源的容量应该根据总视在功率来计算。若负载的因数各不相同，计算总视在功率时，不能将各负载的视在功率直接相加，而必须分别求出

$$\sum P = P_1 + P_2 + \cdots \qquad (3-72)$$

图 3-30　阻抗、电压、功率三角形

$$\sum Q = Q_1 + Q_2 + \cdots \qquad (3-73)$$

然后由下式算出总视在功率：

$$S = UI = \sqrt{(\sum P)^2 + (\sum Q)^2} \qquad (3-74)$$

式中，U 和 I 分别代表电路的总电压和总电流。

【注意】$\sum Q$ 是无功功率的代数和，而不是算术和。这是因为 $Q = UI\sin\varphi$ 中的功率因数角 φ 可能为正，也可能为负，要根据电路的性质而定。对于感性电路而言，$\varphi > 0$，因而 Q 为正值；对于容性电路而言，$\varphi < 0$，因而 Q 为负值。

有功功率不可能出现负值，所以 $\sum P$ 实际上是各负载的有功功率的算术和。

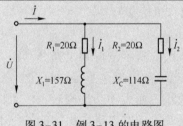

图 3-31　例 3-13 的电路图

【例 3-13】　电路如图 3-31 所示，已知 $U = 220\mathrm{V}$，求各支路和电路总的有功功率、无功功率和视在功率。

解　第 1 支路是感性负载，电流滞后于电压，功率因数角 φ_1 和无功功率 Q_1 均为正值。由图可知，

$$P_1 = UI_1\cos\varphi_1 = 220 \times 1.36 \times \cos 75.7° \approx 74(\mathrm{W})$$

$$Q_1 = UI_1\sin\varphi_1 = 220 \times 1.36 \times \sin 75.7° \approx 290(\mathrm{var})$$

$$S_1 = UI_1 = 220 \times 1.36 \approx 299(\mathrm{V \cdot A})$$

第 2 支路是容性负载，电流超前于电压，功串因数角 φ_2 和无功功率 Q_2 均为负值，即

$$P_2 = UI_2\cos\varphi_2 = 220 \times 1.9 \times \cos(-80°) \approx 72(\mathrm{W})$$

$$Q_2 = UI_2\sin\varphi_2 = 220 \times 1.9 \times \sin(-80°) \approx -411(\mathrm{var})$$

$$S_2 = UI_2 = 220 \times 1.9 \approx 418(\mathrm{V \cdot A})$$

已知总电流超前电压 36.9°，因此电源的有功功率、无功功率和视在功率分别为

$$P = UI\cos\varphi = 220 \times 0.862 \times \cos(-36.9°) \approx 146(\mathrm{W})$$

$$Q = UI\sin\varphi = 220 \times 0.862 \times \sin(-36.9°) \approx -121(\mathrm{var})$$

$$S = \sqrt{P^2 + Q^2} = \sqrt{146^2 + (-121)^2} \approx 190(\mathrm{V \cdot A})$$

3.9.5 功率因数的意义

1. 提高功率因数的意义

在正弦交流电路中，电源供给负载的有功功率为

$$P = UI\cos\varphi$$

式中，φ 角为电路端电压与电流的相位差，即负载的阻抗角，在频率一定时，它取决于电路（负载）的参数。只有在负载为电阻性（如白炽灯、电阻炉等）情况下，电压和电流才同相位，即 $\cos\varphi = 1$；对其他负载来说，其功率因数均介于 0 与 1 之间。

当电压与电流之间有相位差时，即功率因数不等于 1 时，电路中发生能量互换，出现无功功率 $Q = UI\sin\varphi$。在 U、I 一定的情况下，功率因数越低，无功比例越大（$\cos\varphi$ 越小，$\sin\varphi$ 越大），对电力系统运行越不利，主要产生下列影响。

1）发电设备的容量不能充分利用

发电机、变压器的额定容量是根据额定电压 U_N 和额定电流 I_N 设计的。额定电压和额定电流的乘积，即为额定视在功率 $S_N = U_N I_N$。它代表设备的额定容量，在数值上等于允许发出的最大平均功率。

因为发电机在额定工作状态下发出的有功功率为

$$P_N = U_N I_N \cos\varphi \qquad (3\text{--}75)$$

当负载的功率因数 $\cos\varphi = 1$ 时，$P_N = S_N$，其容量得到了充分利用。当负载的功率因数 $\cos\varphi < 1$ 时，而发电机的电压和电流又不容许超过额定值，显然，这时发电机所能发出的有功功率较小，而无功功率则较大。无功功率越大，电路与电源之间能量交换的规模越大，发电机发出的能量得不到充分利用。同时，与发电机配套的原动机及变压器等设备也不能充分利用。例如，容量 1000kV·A 的发电机，如果 $\cos\varphi = 1$ 时，能发出 1000kW 的有功功率，而在 $\cos\varphi = 0.75$ 时，则只能发出 750kW 的有功功率。

2）增加输电线路和发电机的功率损失

当发电机的电压 U 和输出的有功功率 P 一定时，电流 I 与功率因数成反比，而线路和发电机绕组上的功率损耗 ΔP 则与 $\cos\varphi$ 的平方成反比，即

$$I = \frac{P}{U\cos\varphi}$$

$$\Delta P = I^2 r = \left(\frac{P}{U\cos\varphi}\right)^2 r = \frac{P^2 r}{U^2} \cdot \frac{1}{\cos^2\varphi}$$

式中，r 是发电机绕组和线路的电阻。

3）使线路电压降增大，降低电能质量

由 $I = \dfrac{P}{U\cos\varphi}$ 可知，在 P、U 一定时，功率因数越低，输电线上输送的电流就越大，产生的电压降 ΔU 也就越大，电能质量降低，满足不了用户

对电能质量的要求。为了提高电压，必须在系统中装设调压设备，如带负荷调压器等。

由此可见，提高负载的功率因数，既能减少线路的电能损失和电压降，又能使电源设备得到充分利用，从而提高供电质量，增加国民收入。这对发展国民经济有着极其重要的意义。

2. 提高功率因数的方法

功率因数不高的原因是由于电感性负载的存在。而电感性负载的功率因数之所以小于1，是由于负载本身需要一定的无功功率。按照供/用电规则，高压供电的工业企业的平均功率因数不低于0.95，其他单位不低于0.9。

提高功率因数的途经有二：一是提高用电设备自身的功率因数，如三相异步电动机在轻载时，降低加在绕组上的电压可以提高其功率因数；二是用其他设备进行补偿。本节着重讨论后者。

前已述及，感性元件和容性元件在电路中都具有吸收能量和释放能量的作用，但它们吸收和释放能量的时间正好彼此错开，相互之间可以交换无功功率。因此，对感性负载而言，接入电容器就可以分担电源的一部分或全部无功功率，使电源能输出更多的有功功率。

但接入电容器以提高供电系统的功率因数时，应考虑到必须保证接在线路上的每一个负载的端电压、电流和功率都不受其影响而仍然维持正常运行。能满足这一要求的具体方法是将大小适当的电容器与感性负载并联，

其原理可以用相量图加以说明，如图3-32所示。$\dot{I}$代表并联电容器前感性负载上的电流，等于线路上的电流，它滞后于电压的角度是φ，这时的功率因数是$\cos\varphi$。并联电容器C后，由于增加了一个超前于电压90°的电流$\dot{I}_C$，所以线路上的电流变为

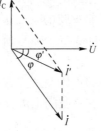

$$\dot{I}' = \dot{I} + \dot{I}_C$$

$\dot{I}'$滞后于电压U的角度是φ'。$\varphi' < \varphi$，所以$\cos\varphi' > \cos\varphi$。只要电容$C$选得适当，即可达到补偿要求。

图3-32 提高功率因数的相量图

【注意】并联电容器后，感性负载本身的电流$I = \dfrac{U}{\sqrt{R^2 + X_L^2}}$和功率因数$\cos\varphi = \dfrac{R}{\sqrt{R^2 + X_L^2}}$均未改变，这是因为所加电压和负载的参数没有改变。因此，所谓提高功率因数，是指提高电源或负载的功率因数，而非指提高某个电感性负载的功率因数。另外，并联电容器后有功功率并未改变，因为电容器是不消耗电能的。

从图3-32可以推导出计算并联电容器电容值的公式。由图可得

$$I_C = I\sin\varphi - I'\sin\varphi' = \left(\frac{P}{U\cos\varphi}\sin\varphi - \frac{P}{U\cos\varphi'}\sin\varphi' \right) = \frac{P}{U}\ (\tan\varphi - \tan\varphi')$$

又

$$I_C = \frac{U}{X_C} = \omega CU$$

则

$$\omega CU = \frac{P}{U}\ (\tan\varphi - \tan\varphi')$$

由此得

$$C = \frac{P}{\omega U^2}\ (\tan\varphi - \tan\varphi') \tag{3-76}$$

若功率因数接近于1，再继续提高它所需要增加的电容值收到的效果并不显著。从经济性的角度看，且考虑后面提到的谐振问题，一般都不将功率因数提高到1，而是补偿到约0.9即可。

*3.10 非正弦交流电及谐波分析

非正弦交流电在实际中有着广泛的应用。例如，在自动控制、电子计算机的数字脉冲电路，以及整流电源设备中，电压和电流的波形都是非正弦的；在晶体管交流放大电路中，各部分的电压和电流是直流分量和交流分量的叠加，其波形也是非正弦的；在非电测量技术中，由非电量的变化变换而得到的电信号随时间而变化的规律，也是非正弦的。产生这种非正弦的原因很多，如果电路中具有非线性元件（元件的参数随电压或电流的大小而变），即使在正弦电压的作用下，电路中的电流也会是非正弦的。二极管整流电路产生的整流电流、电压波形就是其中一例，如图3-33（a）所示。又如，有的设备本身采用产生非正弦电压的电源，它们产生的波形分别如图3-33（b）、（c）、（d）所示。再如，多个频率不同的正弦电源（或正弦电源与直流电源）共同作用于一个电路时，也会产生非正弦的电流或电压。

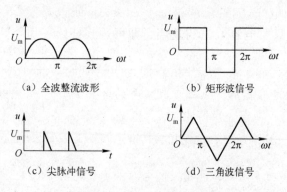

（a）全波整流波形　　　　　　　（b）矩形波信号

（c）尖脉冲信号　　　　　　　　（d）三角波信号

图3-33　非正弦周期波形

分析非正弦交流电路时，仍然要应用前述的电路基本定律，但和正弦交流电路的分析方法又有不同之处。

3.10.1　非正弦周期量的分解

讨论非正弦交流电时，常用的分析方法是将非正弦周期量分解为恒定分量（如果有的话）和频率不同的正弦分量。数学上，一切满足狄里赫利条件（即在一个周期内含有限个最大值和最小值以及有限个第一类间断点）的周期函数都可以展开为傅里叶级数。因为在电工学中遇到的非正弦周期性电压或电流大都能满足上述条件，因此都可以分解为傅里叶级数。以非正弦电压为例：

$$u = U_0 + A_1\cos\omega_1 t + A_2\cos2\omega_1 t + A_3\cos3\omega_1 t + \cdots + A_k\cos k\omega_1 t + \cdots$$
$$+ B_1\sin\omega_1 t + B_2\sin2\omega_1 t + B_3\sin3\omega_1 t + \cdots + B_k\sin k\omega_1 t + \cdots \tag{3-77}$$

式中，系数按下面公式计算

$$\left.\begin{array}{l} U_0 = \dfrac{1}{T}\displaystyle\int_0^T u\mathrm{d}t = \dfrac{1}{2\pi}\int_0^{2\pi} u(\omega_1 t)\mathrm{d}(\omega_1 t) \\[3mm] A_k = \dfrac{2}{T}\displaystyle\int_0^T u\cos k\omega_1 t\mathrm{d}t = \dfrac{1}{\pi}\int_0^{2\pi} u(\omega_1 t)\cos k\omega_1 t\mathrm{d}(\omega_1 t) \\[3mm] B_k = \dfrac{2}{T}\displaystyle\int_0^T u\sin k\omega_1 t\mathrm{d}t = \dfrac{1}{\pi}\int_0^{2\pi} u(\omega_1 t)\sin k\omega_1 t\mathrm{d}(\omega_1 t) \end{array}\right\} \tag{3-78}$$

式（3-77）也可写成

$$u = U_0 + U_{1\mathrm{m}}\sin(\omega_1 t + \varphi_1) + U_{2\mathrm{m}}\sin(2\omega_1 t + \varphi_2) + \cdots + U_{k\mathrm{m}}\sin(k\omega_1 t + \varphi_k) + \cdots \tag{3-79}$$

式中，

$$U_{k\mathrm{m}} = \sqrt{A_k^2 + B_k^2}, \quad \varphi_k = \frac{A_k}{B_k} \tag{3-80}$$

级数展开式中，U_0 是与时间无关的常数，在电工学中称为直流分量（事实上它是一周期内的平均值）；$U_{1\mathrm{m}}\sin(\omega_1 t + \varphi_1)$ 称为基波或一次谐波；$U_{2\mathrm{m}}\sin(2\omega_1 t + \varphi_2)$ 称为二次谐波；$U_{k\mathrm{m}}\sin(k\omega_1 t + \varphi_k)$ 称为 k 次谐波，它的频率是基波的 k 倍，k 等于奇数时，称为奇次谐波；k 等于偶数时，称为偶次谐波，它们统称为高次谐波。

图 3-33 中所列举的全波整流电压、方波电压、三角波电压等，都可以按照傅里叶级数分解为直流分量和一系列频率成整数倍的交流分量。

【例 3-14】　求矩形波电压图 3-33（b）的傅里叶级数展开式。

解　图 3-33（b）所示的矩形波电压在一个周期内的表示式为

$$u = \begin{cases} U_{\mathrm{m}} & 0 \leqslant \omega t < \pi \\ -U_{\mathrm{m}} & \pi < \omega t \leqslant 2\pi \end{cases}$$

由式（3-78）求各系数

$$U_0 = \frac{1}{2\pi}\int_0^{2\pi} u\mathrm{d}(\omega t) = \frac{1}{2\pi}\Big[\int_0^{\pi} U_{\mathrm{m}}\mathrm{d}(\omega t) + \int_{\pi}^{2\pi}(-U_{\mathrm{m}})\mathrm{d}(\omega t)\Big] = 0$$

$$A_k = \frac{1}{\pi}\int_0^{2\pi} u\cos k\omega t\mathrm{d}(\omega t)$$

$$= \frac{1}{\pi}\left[\int_0^\pi U_m \cos k\omega t \mathrm{d}(\omega t) + \int_\pi^{2\pi}(-U_m)\cos k\omega t \mathrm{d}(\omega t)\right]$$

$$= \frac{2U_m}{\pi}\int_0^\pi \cos k\omega t \mathrm{d}(\omega t) = 0$$

$$B_k = \frac{1}{\pi}\int_0^{2\pi} u\sin k\omega t \mathrm{d}(\omega t)$$

$$= \frac{1}{\pi}\left[\int_0^\pi U_m \sin k\omega t \mathrm{d}(\omega t) + \int_\pi^{2\pi}(-U_m)\sin k\omega t \mathrm{d}(\omega t)\right]$$

$$= \frac{2U_m}{\pi}\int_0^\pi \sin k\omega t \mathrm{d}(\omega t) = \frac{2U_m}{\pi}\left[-\frac{1}{k}\cos k\omega t\right]_0^\pi$$

$$= \frac{2U_m}{\pi}(1-\cos k\pi) = \begin{cases} 0 & (k\text{ 为偶数}) \\ \dfrac{4U_m}{k\pi} & (k\text{ 为奇数}) \end{cases}$$

由此可以写出

$$u = \sum_{k\text{为奇数}} B_k \sin k\omega t = \frac{4U_m}{\pi}\left(\sin\omega t + \frac{1}{3}\sin 3\omega t + \frac{1}{5}\sin 5\omega t + \cdots\right) \quad (3-81)$$

同理可以求出图 3-33 所示三角形电压和全波整流电压的傅里叶级数的展开式。

三角波电压 $u = \dfrac{8U_m}{\pi^2}\left(\sin\omega t - \dfrac{1}{9}\sin 3\omega t + \dfrac{1}{25}\sin 5\omega t - \cdots\right)$ (3-82)

全波整流电压 $u = \dfrac{2U_m}{\pi}\left(1 - \dfrac{2}{3}\cos 2\omega t - \dfrac{2}{15}\cos 4\omega t - \cdots\right)$ (3-83)

从上述 3 例中可以看出，各次谐波的幅值是不相等的，频率越高则幅值越小。这说明傅里叶级数具有收敛性。恒定分量（如果有的话）、基波及接近于基波的高次谐波是非正弦周期量的主要成分。因此，在进行非正弦交流电路分析计算时，通常只取前几项。

3.10.2 正弦周期量的最大值、平均值和有效值

在许多场合，除了要知道非正弦周期量的基波和谐波分量外，常常还需要知道它的最大值、平均值和有效值。

最大值是非正弦波在一个周期内的最大瞬时绝对值，又称峰值。在工程实践中，当考虑绝缘材料时，就要从电压的最大值考虑；当需要顾及导体所能承受的最大应力时，就要考虑电流的最大值。非正弦周期量的平均值就是它的直流分量。当考虑整流电路输出直流电压的大小时，就需要计算它的平均值。

$$U_0 = \frac{1}{T}\int_0^T u\mathrm{d}t \quad (3-84)$$

非正弦周期量的有效值就是它的方均根值

$$I = \sqrt{\frac{1}{T}\int_0^T i^2 \mathrm{d}t}$$

$$U = \sqrt{\frac{1}{T} \int_0^T u^2 \mathrm{d}t} \qquad (3-85)$$

$$E = \sqrt{\frac{1}{T} \int_0^T e^2 \mathrm{d}t}$$

设某一非正弦周期电流已分解成傅里叶级数

$$i = I_0 + \sum_{k=1}^{\infty} I_{km}\sin(k\omega + \varphi_k)$$

则其有效值为

$$I = \sqrt{\frac{1}{T} \int_0^T i^2 \mathrm{d}t} = \sqrt{\frac{1}{T} \int_0^T \left[I_0 + \sum_{k=1}^{\infty} I_{km}\sin(k\omega + \varphi_k) \right]^2 \mathrm{d}t} \qquad (3-86)$$

将上式根号内的积分展开，可得出

$$I = \sqrt{I_0^2 + \frac{1}{2}\sum_{k=1}^{\infty} I_{km}^2} = \sqrt{I_0^2 + I_1^2 + I_2^2 + \cdots} \qquad (3-87)$$

式中，

$$I_1 = \frac{I_{1m}}{\sqrt{2}}, \quad I_2 = \frac{I_{2m}}{\sqrt{2}}, \quad \cdots$$

分别为基波、二次谐波等的有效值。

同理，非正弦周期电压、电动势的有效值为

$$U = \sqrt{U_0^2 + U_1^2 + U_2^2 + \cdots} \qquad (3-88)$$

$$E = \sqrt{E_0^2 + E_1^2 + E_2^2 + \cdots} \qquad (3-89)$$

由式（3-87）、式（3-88）和式（3-89）可以看出，非正弦周期信号的有效值等于其直流分量和各次谐波有效值的平方之和的平方根，而与谐波的相位 φ_k 无关。

【例 3-15】　图 3-34 所示为一半波可控整流电压的波形，在 $\frac{\pi}{3} \sim \pi$ 之间是正弦波，求其平均值和有效值。

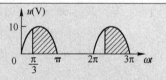

图 3-34　例 3-15 的图

解　平均值为

$$U_0 = \frac{1}{2\pi} \int_{\frac{\pi}{3}}^{\pi} u \mathrm{d}(\omega t) = \frac{1}{2\pi} \int_{\frac{\pi}{3}}^{\pi} 10\sin\omega t \mathrm{d}(\omega t) \approx 2.39(\mathrm{V})$$

有效值为 $U = \sqrt{\frac{1}{2\pi} \int_{\frac{\pi}{3}}^{\pi} u^2 \mathrm{d}(\omega t)} = \sqrt{\frac{1}{2\pi} \int_{\frac{\pi}{3}}^{\pi} 10^2 \sin^2\omega t \mathrm{d}(\omega t)} \approx 4.5(\mathrm{V})$

由上述讨论可知，非正弦周期电压和电流的最大值并不一定等于有效值的 $\sqrt{2}$ 倍。最大值、平均值和有效值之间的关系是随波形的不同而不同的。

3.10.3　非正弦周期电流电路的计算

非正弦周期交流电路的计算，其理论基础是叠加原理。它应用数学中的傅里叶级数将非正弦的电压或电流分解为一恒定的直流分量和一系列频

率不同的正弦交流分量，然后按有关的电路定律，分别计算直流分量和各种频率的正弦交流分量单独作用下产生的电流或电压，叠加起来就是原来的非正弦交流电作用下产生的实际电流或电压。非正弦交流电路的这种分析方法称为谐波分析法。

【注意】 （1）由于各次谐波的频率不同，在进行各次谐波的加减运算时，必须用三角函数式或正弦波形来进行，不能用相量图或复数式；（2）在分析与计算正弦交流电路时，应注意 R、L、C 这 3 个电路参数的影响。例如，当直流分量单独作用时，遇到电容元件，按开路处理；遇到电感元件，则按短路处理。当某一谐波单独作用，通常可以认为电阻 R 值与频率无关；而电感 L 和电容 C，不同频率波分量则表现出不同的感抗和容抗，感抗与频率正比，而容抗与频率成反比。故频率越高的谐波越不容易通过电感，但越容易通过电容器。综上所述，第 k 次谐波对于 RLC 串联支路的阻抗可以表示为

$$\left. \begin{array}{l} Z(k\omega_1) = R + \mathrm{j}k\omega_1 L - \mathrm{j}\dfrac{1}{k\omega_1 C} \\[3mm] |Z(k\omega_1)| = \sqrt{R^2 + \left(k\omega_1 L - \dfrac{1}{k\omega_1 C}\right)^2} \\[3mm] \varphi(k\omega_1) = \arctan \dfrac{k\omega_1 L - \dfrac{1}{k\omega_1 C}}{R} \end{array} \right\} \qquad (3\text{-}90)$$

【例3-16】 在 RLC 串联的电路中，已知 $R = 10\,\Omega$，$L = 0.05\mathrm{H}$，$C = 22.5\,\mu\mathrm{F}$，电源电压为 $u = 40 + 180\sin\omega t + 60\sin(3\omega t + 45°) + 20\sin(5\omega t + 18°)$ V，基波频率 $f = 50\mathrm{Hz}$，试求电路电流。

解 用叠加原理进行计算，其步骤如下所述。

（1）直流分量 $I_0 = 0$（固有电容元件）。

（2）基波：

$$\because \quad |Z_1| = \sqrt{R^2 + \left(\omega L - \frac{1}{\omega C}\right)^2}$$

$$= \sqrt{10^2 + \left(314 \times 0.05 - \frac{1}{314 \times 22.5 \times 10^{-6}}\right)^2}$$

$$= \sqrt{10^2 + (15.7 - 141)^2} \approx 126(\Omega)$$

$$\varphi_1 = \arctan \frac{\omega L - \dfrac{1}{\omega C}}{R} = \arctan \frac{15.7 - 141}{10} \approx -85.3°$$

$$\therefore \quad I_{1\mathrm{m}} = \frac{U_{1\mathrm{m}}}{|Z_1|} = \frac{180}{126} \approx 1.43(\mathrm{A})$$

（3）3 次谐波

$$\because \quad |Z_3| = \sqrt{R^2 + \left(3\omega L - \frac{1}{3\omega C}\right)^2} = \sqrt{10^2 + \left(3 \times 15.7 - \frac{141}{3}\right)^2} \approx 10(\Omega)$$

$$\varphi_3 = \arctan \frac{3\omega L - \dfrac{1}{3\omega C}}{R} = \arctan \frac{3 \times 15.7 - \dfrac{141}{3}}{10} = 0°$$

$$\therefore \quad I_{3m} = \frac{U_{3m}}{|Z_3|} = \frac{60}{10} = 6(A)$$

（4）5 次谐波

$$\because \quad |Z_5| = \sqrt{R^2 + \left(5\omega L - \frac{1}{5\omega C}\right)^2} = \sqrt{10^2 + \left(5 \times 15.7 - \frac{141}{5}\right)^2} \approx 51.3(\Omega)$$

$$\varphi_5 = \arctan \frac{5\omega L - \dfrac{1}{5\omega C}}{R} = \arctan \frac{5 \times 15.7 - \dfrac{141}{5}}{10} \approx 78.8°$$

$$\therefore \quad I_{5m} = \frac{U_{5m}}{|Z_5|} = \frac{20}{51.3} \approx 0.39(A)$$

（5）将上述各谐波分量进行叠加，电路电流为

$$i = I_0 + i_1 + i_3 + i_5 = 1.43\sin(\omega t - 85.3°)$$
$$+ 6\sin 3\omega t + 0.39\sin(5\omega t + 78.8°)$$

其有效值为

$$I = \sqrt{I_0^2 + I_1^2 + I_3^2 + I_5^2} = \sqrt{0 + \left(\frac{1.43}{\sqrt{2}}\right)^2 + \left(\frac{6}{\sqrt{2}}\right)^2 + \left(\frac{0.39}{\sqrt{2}}\right)^2} \approx 4.37(A)$$

✓⁺ 小结

1. 正弦电流信号的表达式为

$$i(t) = I_m \sin(\omega t + \varphi_i) = \sqrt{2} I \sin(\omega t + \varphi_i)$$

式中，I 为电流有效值。角频率 ω 与周期 T 和频率 f 的关系为

$$\omega = \frac{2\pi}{T} = 2\pi f$$

2. R、L、C 三元件的电压与电流相量关系如下：

元件名称	相量关系	有效值关系	相位关系
R	$\dot{U}_R = R\dot{I}$	$U_R = RI$	$\varphi_u = \varphi_i$
L	$\dot{U}_L = jX_L\dot{I}$	$U_L = X_L I$	$\varphi_u = \varphi_i + 90°$
C	$\dot{U}_C = -jX_C\dot{I}$	$U_C = X_C I$	$\varphi_u = \varphi_i - 90°$

3. 阻抗与导纳分别为

$$Z = \frac{\dot{U}}{\dot{I}} = R + jX = |Z| e^{j\varphi}$$

其中
$$|Z| = \sqrt{R^2 + X^2} = \frac{U}{I}$$

$$\varphi = \arctan\left(\frac{X}{R}\right) = \varphi_u - \varphi_i$$

导纳为

$$Y = \frac{\dot{I}}{\dot{U}} = G + jB$$

4. 相量形式的欧姆定律、KCL、KVL 分别为：

$$\dot{U} = Z\dot{I}$$

$$\sum \dot{I} = 0$$

$$\sum \dot{U} = 0$$

对于正弦交流电路的相量模型，分析电阻电路的各种方法，如分流、分压、网孔法、节点法、电路定理等均可以应用。

5. 在 RLC 串联谐振电路中，谐振时因谐振阻抗最小（$Z = R$），从而回路电流最大。

谐振条件：$\omega_0 L = \dfrac{1}{\omega_0 C}$，$\omega_0 = \dfrac{1}{\sqrt{LC}}$

品质因数：$Q_0 = \dfrac{\omega_0 L}{R} = \dfrac{1}{\omega_0 RC} = \dfrac{1}{R}\sqrt{\dfrac{L}{C}}$

L、C 上电压：$U_L = U_C = Q_0 U_S$

根据对偶原理，在 RLC 并联谐振电路中，谐振时因谐振阻抗最大，从而谐振电压最大。

谐振条件：$\omega_0 L = \dfrac{1}{\omega_0 C}$，$\omega_0 = \dfrac{1}{\sqrt{LC}}$

品质因数：$Q_0 = \dfrac{R}{\omega_0 L} = \omega_0 RC = \dfrac{1}{R}\sqrt{\dfrac{L}{C}}$

L、C 中电流：$I_L = I_C = Q_0 I_S$

✓⁺ 练习题 3

1. 写出表示 $u_A = 380\sin\omega t\,\text{V}$，$u_B = 380\sin(\omega t - 120°)\,\text{V}$，$u_C = 380\sin(\omega t + 120°)\,\text{V}$ 的相量，并画出相量图。

2. 在图 3-35 所示的电路中，求总电流 I。已知：$i_1 = 100\sin(\omega t + 45°)$，$i_2 = 60\sin(\omega t - 30°)$。

3. 在图 3-36 所示的各电路图中，除 A_0 和 V_0 的读数外，其余安培计和伏特计的读数在图上标出（均为有效值）。试求安培计 A_0 或伏特计 V_0 的读数。

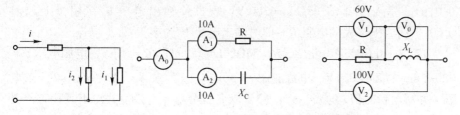

图 3-35　习题 2 的图　　　　　图 3-36　习题 3 的图

4. 在图 3-37 中，安培计 A_1、A_2 的读数分别为 $I_1 = 3A$，$I_2 = 4A$。（1）设 $Z_1 = R$，$Z_2 = -jX_C$，则安培计 A_0 的读数应为多少？（2）设 $Z_1 = R$，问 Z_1 为何种参数才能使安培计 A_0 的读数最大？此读数为多少？（3）设 $Z_1 = -jX_L$，问 Z_2 为何种参数才能使安培计 A_0 的读数最小？此读数为多少？

5. 在图 3-38 所示的电路中，$I_1 = 10A$，$I_2 = 10\sqrt{2}\,A$，$U = 200V$，$R = 5\Omega$，$R_2 = X_L$，求 I、X_C、X_L、R_2。

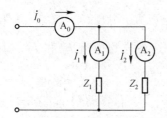

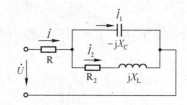

图 3-37　习题 4 的图　　　　　图 3-38　习题 5 的图

6. 设有一个线圈，其电阻可忽略不计，电感 $L = 35mH$，在 $f = 50Hz$，$U_L = 110V$ 电源的作用下，求：（1）X_L 值；（2）$\dot{I}$ 及其与 $\dot{U}_L$ 的相位差 φ；（3）Q_L 值；（4）在 $\dfrac{1}{4}$ 周期时线圈储存的磁场能量 W_L。

7. 荧光灯管与镇流器串接到交流电源上，视为 RL 串联电路。若已知某灯管的等效电阻 $R_1 = 280\Omega$，镇流器的电阻 $R_2 = 20\Omega$，电感 $L = 1.65H$，电源电压 $U = 220V$，试求电路中的电流和灯管两端及镇流器上的电压。这两个电压加起来是否等于 220V？设电源频率为 50Hz。

8. 一个线圈的等效电阻 $R = 10\Omega$，电感 $L = 64mH$，通过该线圈的电流为 $i = 7\sin 314t\,A$，求：线圈两端的电压 U 及电压与电流间的相位差 φ。

9. 设有两个复数阻抗 $Z_1 = 3 + j8\Omega$ 和 $Z_2 = 3 - j4\Omega$，它们串接在 $\dot{U} = 220$ $\underline{/33.7°}$ V 的电源上。试用相量法计算电路中的电流 $\dot{I}$ 和各个阻抗上的电压 $\dot{U}_1$ 和 $\dot{U}_2$，并作相量图。

10. 设有两个复数阻抗 $Z_1 = 6 + j8\Omega$ 和 $Z_2 = 4 - j3\Omega$，它们并接在 $\dot{U} = U\underline{/0°}$ 的电源上。试计算电路中的电流 $\dot{I}$、$\dot{I}_1$ 和 $\dot{I}_2$，并作相量图。

11. 图 3-39 所示为一个移相电路，如果 $C =$　图 3-39　习题 11 的图

$0.01\mu F$，输入电压 $u_1 = \sqrt{2}\sin 6280t$ V，现欲使输出电压 u_0 在相位上超前 $u_1 60°$，问应配多大的电阻 R？此时输出电压 U_2 为多少？

12. 在 RLC 串联电路中，$R=50\Omega$，$L=150mH$，$C=50\mu F$，电源电压 $u = 220\sqrt{2}\sin(\omega t+20°)$ V。电源频率 $f=50Hz$。（1）求 X_L、X_C、Z；（2）求电流 I 并写出瞬时值 i 的表达式；（3）求各部分电压有效值并写出其瞬时值表达式；（4）作相量图；（5）求 P 和 Q。

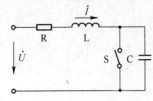

图 3-40　习题 13 的图

13. 在图 3-40 所示的电路中，已知 $R=10\Omega$，$L=\dfrac{1}{31.4}$H，$C=\dfrac{10^6}{3140}\mu F$。（1）当电源电压为 220V 的直流电压时，试分别计算在短路开关 S 闭合和断开两种情况下电流 I 及各电压 U_R、U_L、U_C；（2）当电源电压为 $u=220\sqrt{2}\sin 314V$ 时，再计算（1）中各量。

14. 计算图 3-41（a）所示电路中的电流 $\dot{I}$、电压 $\dot{U}_1$ 和 $\dot{U}_2$，并作相量图；计算图 3-41（b）所示电路中电压 $\dot{U}$、各支路电流 $\dot{I}_1$ 和 $\dot{I}_2$，并作相量图。

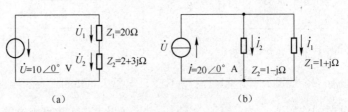

(a)　　　　　　　　　　　　　(b)

图 3-41　习题 14 的图

15. 在图 3-42 所示的电路中，已知 $\dot{U}_1=230\angle 0°$ V，$\dot{U}_2=227\angle 0°$ V，$Z_3=10+j10\Omega$，$Z_1=Z_2=0.2+j1\Omega$。求电流 $\dot{I}_3$。

16. 在图 3-43 所示的电路中，已知 $U=220V$，$R=22\Omega$，$X_L=20\Omega$，$X_C=11\Omega$，求电流 $\dot{I}_R$、$\dot{I}_L$、$\dot{I}_C$ 及 $\dot{I}$。

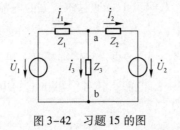

图 3-42　习题 15 的图

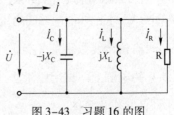

图 3-43　习题 16 的图

17. 求图 3-44 所示电路的复数阻抗 Z_{ab}。

18. 应用戴维南定理，将图 3-45 所示电路中的虚线框部分画成等效电源。

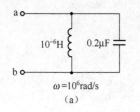
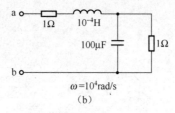

图 3-44　习题 17 的图

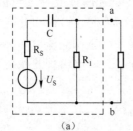
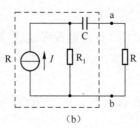

图 3-45　习题 18 的图

19. 图 3-46 所示为某收音机的输入电路，L 与 C 似乎是并联的，为什么说是串联谐振电路？如果线圈的 L =0.3mH，R =16Ω，将收听 640kHz 的电台广播，应将可变电容 C 调到多少 pF？若在调谐回路中感应出电压 U =2μV，试求这时回路中该信号的电流是多大？线圈（或电容）两端的电压为多少？

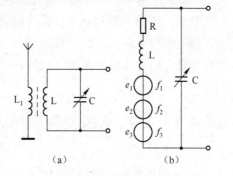

图 3-46　习题 19 的图

20. 一个电感为 0.25mH，电阻为 13.7Ω 的线圈与 85pF 的电容器并联，求该并联电路的谐振频率及谐振阻抗。

21. 今有 40W 的荧光灯一个，使用时灯管与镇流器（近似为纯电感）串联接在电压为 220V、频率为 50Hz 的电源上，已知灯管工作时属于纯电阻负载，灯管两端的电压等于 110V，试求镇流器的感抗与电感。这时电路的功率因数等于多少？若将功率因数提高到 0.8，问应并联多大电容？

第4章 三相电路

本章主要介绍三相电路的基本概念和三相交流电路的分析计算。

目前，国内外的电力系统中，电能的生产、输送和分配几乎全都采用三相制，容量较大的动力电设备也大多采用三相交流电。因此，学习三相交流电具有重要的实际意义。三相交流电之所以得到普遍应用，是因为它具有以下一些优点。

（1）发电方面：相同尺寸的发电机，三相式比单相式可提高功率约 50%。

（2）输电方面：在相同的输电条件下，三相输电线路比单相输电线路节省有色金属约 25%。

（3）配电方面：三相变压器比单相变压器更经济，在不增加任何设备的情况下，可供三相和单相负载共同使用。

（4）用电方面：三相电流能产生旋转磁场，从而可制造出结构简单、性能良好、运行可靠、维护方便的三相异步电动机。

4.1 三相电源及其联结方式

1. 三相正弦交流电动势的产生

三相正弦交流电动势是由三相交流发电机产生的。三相交流发电机主要由固定不动的定子和可动的转子组成。图 4-1 所示为一台两磁极三相发电机的原理示意图。在定子铁心槽中嵌有相互独立的、形状尺寸、匝数完全相同、在空间彼此相隔 120° 角的 AX、BY、CZ 3 个绕组，分别称为 A 相绕组、B 相绕组、C 相绕组。三相绕组的始端分别以 A、B、C 表示，末端分别以 X、Y、Z 表示。转子铁心上绕有一组绕组，称为励磁绕组。励磁绕组中通以直流励磁电流来建立转动磁场，其磁感应强度沿电枢表面按正弦规律分布。

当转子由原动机带动，并以匀速按顺时针方向转动时，则每相绕组依次切割磁力线，其中产生频率相同、幅值相等、彼此互差 120° 的正弦电动势 e_A、e_B 及 e_C。电动势的正方向选定为自绕组的末端指向始端，如图 4-2 所示。

2. 三相正弦交流电动势的表示法

（1）瞬时值表达式：

$$
\left.\begin{array}{l}
e_{\mathrm{A}} = E_{\mathrm{m}}\sin\omega t \\
e_{\mathrm{B}} = E_{\mathrm{m}}\sin(\omega t - 120°) \\
e_{\mathrm{C}} = E_{\mathrm{m}}\sin(\omega t + 120°)
\end{array}\right\} \tag{4-1}
$$

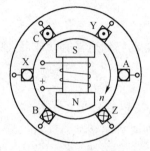

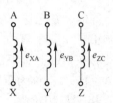

图4-1 三相发电机原理示意图 图4-2 三相电动势

（2）用相量表示三相电动势：

$$
\left.\begin{array}{l}
\dot{E}_{\mathrm{A}} = E \angle 0° \\
\dot{E}_{\mathrm{B}} = E \angle -120° = E\left(-\dfrac{1}{2} - \mathrm{j}\dfrac{\sqrt{3}}{2}\right) \\
\dot{E}_{\mathrm{C}} = E \angle 120° = E\left(-\dfrac{1}{2} + \mathrm{j}\dfrac{\sqrt{3}}{2}\right)
\end{array}\right\} \tag{4-2}
$$

设 $a = \mathrm{e}^{\mathrm{j}120°}$ 为一个旋转因子，某复数乘以 a 相当于把这一复数逆时针方向旋转 $120°$ 角，乘以 $a^2 = \mathrm{e}^{\mathrm{j}240°} = \mathrm{e}^{-\mathrm{j}120°}$ ，则为逆时针方向旋转 $240°$ 角，也就是顺时针旋转 $120°$ 角。因此可将式（4-2）改写为

$$
\left.\begin{array}{l}
\dot{E}_{\mathrm{A}} = E \angle 0° \\
\dot{E}_{\mathrm{B}} = a^2 \dot{E}_{\mathrm{A}} \\
\dot{E}_{\mathrm{C}} = a \dot{E}_{\mathrm{A}}
\end{array}\right\} \tag{4-3}
$$

（3）波形图和相量图表示：对称三相电动势用波形图和相量图表示分别如图4-3（a）和（b）所示。

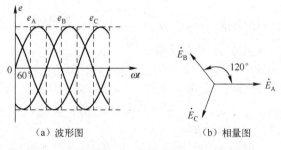

（a）波形图 （b）相量图

图4-3 对称三相电动势的波形图和相量图

3. 对称三相电动势的特点

（1）瞬时值代数和等于零。

（2）相量和等于零。

即
$$\left.\begin{array}{c} e_A + e_B + e_C = 0 \\ \dot{E}_A + \dot{E}_B + \dot{E}_C = 0 \end{array}\right\} \qquad (4\text{-}4)$$

上述结论可从波形图、相量图或解析式加以证明。

4. 相序

从图 4-3（a）可以看出，对称三相电动势到达零值（或最大值）的先后顺序是不同的，常把这一顺序称为相序。

相序有正序和负序两种。当图 4-1 所示的发电机转子顺时针转动时，则三相电动势在相位上 e_A 超前 e_B 120°，e_B 又超前 e_C 120°。这时三相电动势的相序为 A－B－C，称为正序。若转子逆时针向转动，或者虽顺时针方向转动但把 B 相与 C 相对调，则相序要变为 A－C－B，称为负序。相序在电力工程中是非常重要的，如三相发电机或三相变压器并联运行，以及三相电动机接入电源时，都需考虑相序问题。

【说明】在发电机三相绕组中，哪个是 A 相可以任意指定，但 A 相确定后，比 A 相落后 120°的就是 B 相，比 A 相超前 120°的就是 C 相。在发电厂和变电所中母线通常涂以黄、绿、红 3 种颜色，分别表示 A、B、C 三相。

✓⁺ 4.2　三相发电机绕组的联结方式

4.2.1　星形联结

发电机三相绕组的星形（Ｙ）接法通常如图 4-4 所示，即将 3 个末端 X、Y、Z 联结在一起，这一联结点称为中点或零点，用 O 表示。从中点引出的导线称为中性线。从始端 A、B、C 引出的 3 根导线称为相线或端线，俗称火线。

上述发电机对外供电的接线方式称为三相四线制电路。显然，火线与中性线之间的电压等于各相绕组的首端与末端之间的电压，称为相电压。用 u_A、u_B、u_C 表示三相电压瞬时值，它们的有效值分别用 U_A、U_B、U_C 或一般用 U_p 表示。而两根火线间的电压（即任意两始端间的电压）称为线电压，分别用 u_{AB}、u_{BC}、u_{CA} 表示各线电压瞬时值，它们的有效值则分别为 U_{AB}、U_{BC}、U_{CA} 或一般用 U_l 表示。

在对称的三相电路中，三相电压的有效值相等，因而可将三相电压表示为

$$\left.\begin{array}{l} u_A = \sqrt{2}\,U_p \sin\omega t \\ u_B = \sqrt{2}\,U_p \sin(\omega t - 120°) \\ u_C = \sqrt{2}\,U_p \sin(\omega t + 120°) \end{array}\right\} \qquad (4\text{-}5)$$

由图 4-4，根据基尔霍夫电压定律，3 个线电压可以表示为

$$
\left.\begin{array}{l}
u_{AB} = u_A - u_B \\
u_{BC} = u_B - u_C \\
u_{CA} = u_C - u_A
\end{array}\right\}
\tag{4-6}
$$

因为它们都是同频率的正弦量，故可将式（4-6）写成相量形式（各线电压相量分别用 $\dot{U}_{AB}$、$\dot{U}_{BC}$、$\dot{U}_{CA}$ 表示），即

$$
\left.\begin{array}{l}
\dot{U}_{AB} = \dot{U}_A - \dot{U}_B \\
\dot{U}_{BC} = \dot{U}_B - \dot{U}_C \\
\dot{U}_{CA} = \dot{U}_C - \dot{U}_A
\end{array}\right\}
\tag{4-7}
$$

图 4-5 所示为线电压和相电压的相量图。由于发电机绕组上的内阻抗压降与相电压比较是很小的，可以忽略不计，于是相电压和对应的电动势基本相等，因此可认为相电压是对称的。由相量图可以看到，3 个线电压相量有效值相等，相位互差 120°，也是对称的，在相位上比相应的相电压超前 30°，它们之间的数值关系可由 $\dot{U}_A$、$-\dot{U}_B$、$\dot{U}_{AB}$ 3 个相量组成的三角形中求得。

$$
\frac{1}{2}U_1 = U_p\cos 30° = \frac{\sqrt{3}}{2}U_p
$$

$$
U_1 = \sqrt{3}\,U_p
\tag{4-8}
$$

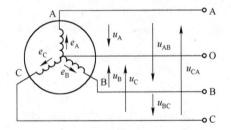

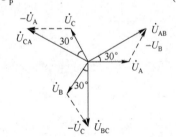

图 4-4　三相发电机绕组的星形联结　　图 4-5　发电机绕组星形联结时的相量图

由上述讨论可知，发电机（或变压器）的绕组联结成星形时，可引出 4 根导线（三相四线制），它可向负载提供两种电压。通常在低压配电系统中，相电压为 220V，线电压为 380V（$380 \doteq 220\sqrt{3}$）。

如果发电机或变压器绕组的中点不用导线对外引出，就称为三相三线联结。

4.2.2　三角形联结

发电机的三相绕组，如果依次首端与末端相连，如图 4-6 所示，构成一个闭合三角形，称为三角形（△）联结。

从图 4-6 可以看出，3 个绕组的电动势 e_A、e_B、e_C 相互串联。由对称性分析，根据基尔霍夫电压定律，可以得出结论：三相电动势瞬时值的代数

和与其相量（各电动势相量分别用 $\dot{E}_A$、$\dot{E}_B$、$\dot{E}_C$ 表示）和等于零，即

$$e_A + e_B + e_C = 0 \tag{4-9}$$

或

$$\dot{E}_A + \dot{E}_B + \dot{E}_C = 0 \tag{4-10}$$

虽然3个绕组形成一个封闭回路，但由于合成电动势为零，其中没有电流。在实际发电机中，三相电动势难免会有些不对称，因而合成电动势并不严格为零，三相绕组中就有一定的环流形成。如果绕组联结的顺序、首尾搞错，则会引起很大的合成电动势，产生很大的环流，致使发电机烧坏，这是必须严加防止的。所以，三相发电机的绕组很少采用三角形联结。

三角形联结时，相电压是绕组上的电压，线电压仍然是相线之间的电压。由图4-6可以看出，线电压等于相电压，即

$$\left.\begin{aligned}\dot{U}_{AB} &= \dot{U}_A \\ \dot{U}_{BC} &= \dot{U}_B \\ \dot{U}_{CA} &= \dot{U}_C\end{aligned}\right\} \tag{4-11}$$

则

$$U_1 = U_p \tag{4-12}$$

作三角形联结的三相绕组的线电压与相电压的相量图如图4-7所示。

如果没有特殊说明，一般所说的三相电源是指对称电源，而三相电源的电压是指线电压。

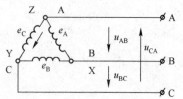

图4-6 三相绕组的△形联结

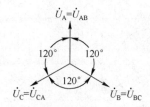

图4-7 三相绕组△形联结时的电压相量图

✓ 4.3 三相负载及联结方式

三相负载也有两种接线方式，即星形联结和三角形联结。

4.3.1 三相负载的星形联结

图4-8所示为三相负载星形联结的电路图。由于三相电源有星形与三角形两种接法，当三相负载为星形联结时，它们主要组成Y-Y₀、Y-Y两种接法。电源一般总是对称的，负载则可能是对称的，也可能是非对称的。各相复阻抗相等的三相负载称为对称负载；各相复阻抗不相等的三相负载称为非对称负载。例如，三相电动机就是对称三相负载。由对称三相电源和对称三相负载所组成的电路称为对称三相电路。

Y – Y₀联结的三相电路就是在电源与负载之间有 4 条输电线路，即 3 根端线与 1 根中性线，这样的电路称为三相四线制电路，如图 4-8 所示。

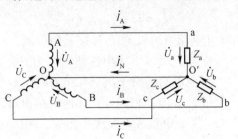

图 4-8 Y – Y₀联结的三相电路

1. 相电流与线电流的关系

三相负载中的电流有线电流和相电流之分，通过每根端线的电流$\dot{I}_A$、$\dot{I}_B$、$\dot{I}_C$称为线电流，其有效值一般用I_l表示，它的正方向由电源指向负载。在各相负载中流过的电流$\dot{I}_a$、$\dot{I}_b$、$\dot{I}_c$，称为相电流，其有效值一般用I_p表示，相电流的正方向与电压正方向一致，即指向中点O'。在 Y – Y₀联结的三相电路中，除上述线电流与相电流外，还有中性线电流，即中性线上流过的电流，用$\dot{I}_A$表示，其正方向由负载指向电源。

很显然，Y – Y₀联结电路的线电流等于相电流，即

$$I_l = I_p \tag{4-13}$$

而中性线电流为 3 个线电流之和，即

$$\dot{I}_N = \dot{I}_A + \dot{I}_B + \dot{I}_C = \dot{I}_a + \dot{I}_b + \dot{I}_c \tag{4-14}$$

这是相量形式的基尔霍夫电流定律。

2. 相电流的计算

为了分析计算方便，忽略电源内阻抗，则电源相电压等于电源相电势，即$\dot{U}_A = \dot{E}_A$、$\dot{U}_B = \dot{E}_B$、$\dot{U}_C = \dot{E}_C$。在不考虑线路电压损失时，加于各相负载的电压就是电源的相电压，即

$$\dot{U}_a = \dot{U}_A \text{、} \dot{U}_b = \dot{U}_B \text{、} \dot{U}_c = \dot{U}_C$$

于是可得相量形式的欧姆定律

$$\dot{I}_a = \frac{\dot{U}_a}{Z_a}, \dot{I}_b = \frac{\dot{U}_b}{Z_b}, \dot{I}_c = \frac{\dot{U}_c}{Z_c}$$

如果三相负载对称，即$Z_a = Z_b = Z_c = Z = R + jX$，在对称三相电压作用下，三相电流也是对称的，即

$$\dot{I}_a = \frac{\dot{U}_a}{Z}, \dot{I}_b = \frac{\dot{U}_b}{Z}, \dot{I}_c = \frac{\dot{U}_c}{Z}$$

每相电流都与对应的相电压有一个相同的相位差φ，即

$$\varphi_a = \varphi_b = \varphi_c = \varphi = \arctan \frac{X}{R}$$

Y-Y₀联结负载对称时的相量图如图4-9所示。再根据式（4-14）知，对称三相电流的相量和等于零，即

$$\dot{I}_{\mathrm{N}} = \dot{I}_{\mathrm{a}} + \dot{I}_{\mathrm{b}} + \dot{I}_{\mathrm{c}} = 0 \tag{4-15}$$

中性线中既然没有电流，因此对于对称三相负载，如三相异步电动机

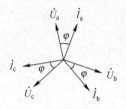

图4-9 Y-Y₀联结负载
对称时的相量图

等，可以不接中性线，成为Y-Y联结的三相三线制电路。对于星形联结对称负载的三相电路，只要计算出一相即可，其他两相由对称性分析求出，即3个电压或电流大小相等，相位互差120°。

但另外一些由单相负载联结成的三相负载，如电灯，由于各相开灯情况不同，不能经常保持各相负载阻抗相等，需要采用中性线。因为当有中性线存在时，不论负载对称与否，都能保证负载两端的电压等于电源的相电压，从而保证了负载端电压的对称而使之正常工作。

4.3.2 三相负载的三角形联结

图4-10所示为三相负载的三角形联结。由于三相电源有星形与三角形两种接法，当三相负载为三角形联结时，它们可以组成Y-△、△-△两种接法。不论电源采用什么接法，一般电源总是对称的，因此总可以从电源引出3个对称的线电压$\dot{U}_{\mathrm{AB}}$、$\dot{U}_{\mathrm{BC}}$、$\dot{U}_{\mathrm{CA}}$供电给负载。

1. 三相负载对称时的电路分析

标定电源线电压及负载相电流、线电流的正方向如图4-10所示。由图可以看出，当负载为三角形联结时，每相负载上的电压就等于电源的对应线电压。因此，当电源线电压$\dot{U}_{\mathrm{AB}}$、$\dot{U}_{\mathrm{BC}}$、$\dot{U}_{\mathrm{CA}}$及各相负载阻抗Z_{AB}、Z_{BC}、Z_{CA}为已知时，可用欧姆定律的相量形式直接求出各相负载的电流，即

$$\dot{I}_{\mathrm{AB}} = \frac{\dot{U}_{\mathrm{AB}}}{Z_{\mathrm{AB}}} \quad \dot{I}_{\mathrm{BC}} = \frac{\dot{U}_{\mathrm{BC}}}{Z_{\mathrm{BC}}} \quad \dot{I}_{\mathrm{CA}} = \frac{\dot{U}_{\mathrm{CA}}}{Z_{\mathrm{CA}}}$$
$$\tag{4-16}$$

再由基尔霍夫电流定律，可求出线电流为

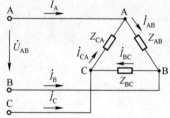

$$\left.\begin{array}{l} \dot{I}_{\mathrm{A}} = \dot{I}_{\mathrm{AB}} - \dot{I}_{\mathrm{CA}} \\ \dot{I}_{\mathrm{B}} = \dot{I}_{\mathrm{BC}} - \dot{I}_{\mathrm{AB}} \\ \dot{I}_{\mathrm{C}} = \dot{I}_{\mathrm{CA}} - \dot{I}_{\mathrm{BC}} \end{array}\right\} \tag{4-17}$$

图4-10 三相负载的三角形联结电路

2. 三相负载对称时线电流与相电流的关系

如果负载对称，即$Z_{\mathrm{AB}} = Z_{\mathrm{BC}} = Z_{\mathrm{CA}} = Z = R + \mathrm{j}X$，也即

$$|Z_{\mathrm{AB}}| = |Z_{\mathrm{BC}}| = |Z_{\mathrm{CA}}| = |Z| = \sqrt{R^2 + X^2} \text{和} \varphi_{\mathrm{AB}} = \varphi_{\mathrm{BC}} = \varphi_{\mathrm{CA}} = \varphi = \arctan\frac{X}{R},$$

则负载的相电流也是对称的，即

$$I_{AB} = I_{BC} = I_{CA} = I_p = \frac{U_p}{|Z|}$$

$$\varphi_{AB} = \varphi_{BC} = \varphi_{CA} = \varphi = \arctan \frac{X}{R} \Bigg\} \qquad (4-18)$$

至于负载对称时线电流与相电流的关系，则可从根据式（4-17）和式（4-18）作出的相量图（图4-11）看出。显然，线电流也是对称的，在相位上比相应的相电流滞后30°。它们的大小关系由相量图也可得出，即

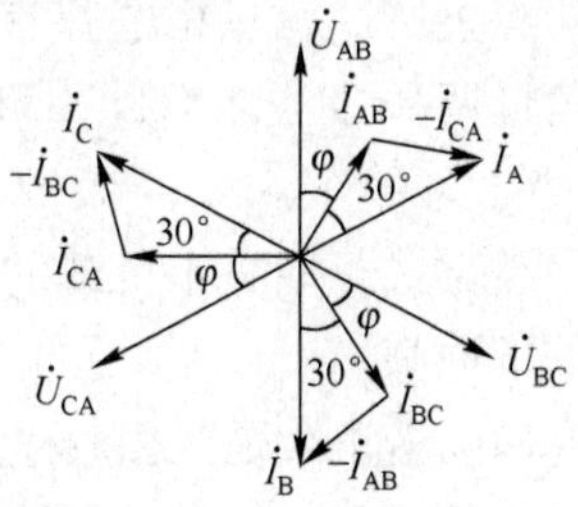

$$\frac{1}{2}I_1 = I_p \cos 30° = \frac{\sqrt{3}}{2}I_p$$

$$I_1 = \sqrt{3}I_p$$

综上所述，当三相负载对称时，线电流与相电流的关系为

图 4-11 三相负载三角形联结时的相量图

$$\dot{I}_A = \sqrt{3}\,\dot{I}_{AB}\underline{/-30°}$$

$$\dot{I}_B = \sqrt{3}\,\dot{I}_{BC}\underline{/-30°} \Bigg\} \qquad (4-19)$$

$$\dot{I}_C = \sqrt{3}\,\dot{I}_{CA}\underline{/-30°}$$

即三相对称负载为三角形联结时，数值上，线电流有效值为相电流有效值的$\sqrt{3}$倍；相位上，线电流落后于相应的相电流30°。

【例4-1】 在图4-10所示的电路中，已知电源线电压为380V，每相负载电阻为17.3Ω，感抗为10Ω，求各相负载电流和线电流，并作出相量图。

解 设$\dot{U}_{AB}$为参考正弦量，即

$$\dot{U}_{AB} = 380\underline{/0°}\ \text{V}$$

由题意知，每相负载阻抗为

$$Z_{AB} = Z_{BC} = Z_{CA} = Z = R + jX = 17.3 + j10 = 20\underline{/30°}\ \Omega$$

各相电流为

$$\dot{I}_{AB} = \frac{\dot{U}_{AB}}{Z_{AB}} = \frac{380\underline{/0°}}{20\underline{/30°}} = 19\underline{/-30°}\ \text{A}$$

$$\dot{I}_{BC} = 19\underline{/-150°}\ \text{A}$$

$$\dot{I}_{CA} = 19\underline{/90°}\ \text{A}$$

再根据式（4-19），得出各线电流为

$$\dot{I}_A = \sqrt{3}\,\dot{I}_{AB}\underline{/-30°} \approx 32.9\underline{/-60°}$$

$$\dot{I}_{B} = \sqrt{3}\,\dot{I}_{BC}\,\underline{/-30°} \approx 32.9\,\underline{/-180°}$$

$$\dot{I}_{C} = \sqrt{3}\,\dot{I}_{CA}\,\underline{/-30°} \approx 32.9\,\underline{/60°}$$

相量图见图 4-11（$\varphi = 30°$）。

综上所述，三相电源有星形和三角形两种接法；三相负载也有星形和三角形两种接法。因此，可以组成 5 种联结方式的三相电路，即丫-丫$_0$、丫-丫、丫-△、△-丫、△-△。怎样根据已知的三相电源确定三相负载的联结方式，取决于负载的额定电压与电源的电压是什么关系。一般应遵循如下原则。

（1）若负载是三相对称负载，如三相电动机，当电源为丫联结时，如果每相负载额定电压等于电源的线电压时，则三相负载应作△联结；如果每相负载的额定电压等于电源线电压的 $\frac{1}{\sqrt{3}}$ 时，则三相负载应作丫联结。例如，每相负载额定电压为 220V，需接入 380/220V 系统时，负载要作丫联结；当每相负载的额定电压为 380V，需接入 380/220V 系统时，则负载要作△联结。

（2）若负载是单相负载，如电灯、电风扇、收音机、电视机、单相电动机等，它们的额定电压都是 220V，如果把它们接入 380/220V 系统时，则应分别接在端线与中性线之间，即接在电源的 220V 相电压上，组成丫联结。

✓⁺ 4.4　三相电路的分析

4.4.1　对称负载

鉴于对称的三相电路中，电源与负载的中性点等电位，三相电路的各相的工作状态独立，因此，可将对称的三相电路选取任意的一相进行计算。具体步骤如下所述。

（1）将已知的对称电路等效为丫-丫联结方式三相电路（对于△联结的根据△-丫关系变换）。

（2）忽略中性线阻抗，画出单相电路，计算出该单相电路的相电压和相电流。

（3）根据线路中性线、相关系，求出原电路的电流和电压。

（4）根据三相电路各相间的对称关系，求出其他两相的电压和电流。

4.4.2　不对称负载

当三相电源电动势或电压不对称，或者负载各相复阻抗不相等时，各相电流一般也不对称。这种电路称为不对称电路。工程上通常遇到的多数问题，属于电源对称而负载不对称。在这一类不对称电路中，当不对称的负载联结成三角形或联结成星形而具有中性线时，由于负载端的相电压是确定的，因此也可以各相分别应用基尔霍夫定律进行计算，即可以将三相电路分别转换成单相电路来计算。但当不对称的三相负载联结成星形而中线又断开时，那就不能各相分别计算了，必须把三相作为一个整体，按照多电源的复杂电路，进行"全相分析"或"三相整体分析"。

【例4-2】 在图4-12所示的电路中，电源电压对称，线电压 $U_l =$ 380V；负载为电灯组，在额定电压下其电阻分别为 $R_a = 5\Omega$，$R_b = 10\Omega$，$R_c = 20\Omega$。试求：

（1）负载相电压、负载电流及中性线电流；

（2）A相短路时各相负载上的电压；

（3）A相短路而中性线又断开时，各相负载上的电压；

（4）A相断开时各相负载上的电压；

（5）A相断开而中性线也断开时，各相负载上的电压。

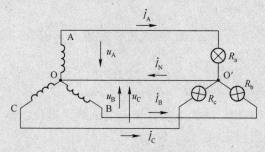

图4-12 例4-2的图

解 利用相量法求解比较方便。在负载不对称而有中性线（其上电压降可忽略不计）的情况下，负载相电压和电源相电压相等，也是对称的，其有效值为 $380/\sqrt{3} = 220\text{V}$。

（1）$\dot{U}_a = 220 \angle 0°$ 则

$\dot{U}_b = 220 \angle -120°$，$\dot{U}_c = 220 \angle +120°$，各相电流为

$$\dot{I}_a = \frac{\dot{U}_a}{R_a} = \frac{220 \angle 0°}{5} = 44 \angle 0° \text{ A}$$

$$\dot{I}_b = \frac{\dot{U}_b}{R_b} = \frac{220 \angle -120°}{10} = 22 \angle -120° \text{A}$$

$$\dot{I}_c = \frac{\dot{U}_c}{R_c} = \frac{220 \angle 120°}{20} = 11 \angle +120° \text{ A}$$

根据图中电流的正方向，中性线电流为

$$\dot{I}_N = \dot{I}_a + \dot{I}_b + \dot{I}_c$$
$$= 44 \angle 0° + 22 \angle -120° + 11 \angle +120°$$
$$= 44 + (-11 + j18.9) + (-5.5 + j9.45) = 29.1 \angle -19° \text{ A}$$

（2）A相短路时，短路电流很大，将其熔断器熔断，而B相和C相未受影响，相电压仍为220V。

（3）当A相短路而中性线又断开时，负载中点O′与A点同电位，因此负载各相电压为

$$\dot{U}_a = 0V, U_a = 0V$$

$$\dot{U}_b = \dot{U}_{ba}, U_b = 380V$$

$$\dot{U}_c = \dot{U}_{ca}, U_c = 380V$$

在此情况下，B相与C相的电灯组上所加的电压都超过电灯的额定电压（220V），这是不允许的。

（4）仅当A相断开时，各相负载上的电压与（2）相同。

（5）A相断开而中性线也断开时，电路成为单相电路，即B相的电灯组和C相的电灯组串联，接在线电压 $U_1 = 380V$ 的电源上，两相电流相同，b、c相负载电压为

$$U_b = \frac{U_{BC} \cdot R_b}{R_b + R_c} = \frac{380 \times 10}{10 + 20} \approx 127V$$

$$U_c = \frac{U_{BC} \cdot R_c}{R_b + R_c} = \frac{380 \times 20}{10 + 20} \approx 253V$$

计算表明，b相负载的电压低于电灯的额定电压，而c相负载电压高于电灯的额定电压。这都是不允许的。

在一般情况下，电源对称而负载不对称的Y-Y联结三相三线制电路如图4-13所示，这类不对称电路的计算常采用中点电压法。

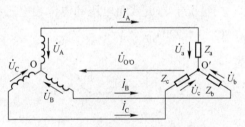

图4-13　三相不对称的Y-Y联结电路

由电路图可知：

$$\left.\begin{array}{l} \dot{U}_a = \dot{U}_A - \dot{U}_{O'O} \\ \dot{U}_b = \dot{U}_B - \dot{U}_{O'O} \\ \dot{U}_c = \dot{U}_C - \dot{U}_{O'O} \end{array}\right\} \tag{4-20}$$

式中，$\dot{U}_{O'O}$ 为中点O′与O之间的电压，称为中点电压。

$$\dot{U}_{O'O} = \frac{\dfrac{\dot{U}_A}{Z_a} + \dfrac{\dot{U}_B}{Z_b} + \dfrac{\dot{U}_C}{Z_c}}{\dfrac{1}{Z_a} + \dfrac{1}{Z_b} + \dfrac{1}{Z_c}} \tag{4-21}$$

由此可知，当三相负载不对称，即 $Z_\text{a} \neq Z_\text{b} \neq Z_\text{c}$ 时，电源的相电压 $\dot{U}_\text{A}$、$\dot{U}_\text{B}$、$\dot{U}_\text{C}$ 虽然对称，但根据式（4-21）可知，$\dot{U}_{\text{o}'\text{o}} \neq 0$，因此负载的相电压 $\dot{U}_\text{a}$、$\dot{U}_\text{b}$、$\dot{U}_\text{c}$ 就不对称了。

从上述例题分析可知：

（1）负载不对称而又没有中性线时，负载的相电压就不对称。当负载的相电压不对称时，必引起有的相电压升高，高于负载额定电压；有的相电压低于额定电压。这都不能正常工作。

（2）中性线的作用是使星形联结的不对称负载的相电压对称。为了保证负载相电压对称，就不应让中性线断开。因此中性线（指干线）内不接熔断器或闸刀开关。

4.4.3 三相电路的功率

在三相电路中，总的瞬时功率应该是各相瞬时功率的代数和，即

$$p = p_\text{A} + p_\text{B} + p_\text{C} = i_\text{A} u_\text{A} + i_\text{B} u_\text{B} + i_\text{C} u_\text{C} \tag{4-22}$$

当电路对称时，如果 A 相的瞬时电压和瞬时电流分别为

$$u_\text{A} = \sqrt{2}\, U_\text{p} \sin(\omega t + \varphi)$$

$$i_\text{A} = \sqrt{2}\, I_\text{p} \sin\omega t$$

则 B、C 相的瞬时电压和瞬时电流分别分 u_B、i_B；u_C，i_C。

$$u_\text{B} = \sqrt{2}\, U_\text{p} \sin(\omega t + \varphi - 120°)$$

$$i_\text{B} = \sqrt{2}\, I_\text{p} \sin(\omega t - 120°)$$

$$u_\text{C} = \sqrt{2}\, U_\text{p} \sin(\omega t + \varphi + 120°)$$

$$i_\text{C} = \sqrt{2}\, I_\text{p} \sin(\omega t + 120°)$$

以上各式中，U_p 为相电压的有效值，I_p 为相电流的有效值，φ 为各相的功率因数角。

将 u_A、u_B、u_C 及 i_A、i_B、i_C 的表达式代入式（4-22），可得

$$p = 2 U_\text{p} I_\text{p} \big[\sin(\omega t + \varphi)\sin\omega t + \sin(\omega t + \varphi - 120°)\sin(\omega t - 120°)$$
$$+ \sin(\omega t + \varphi + 120°)\sin(\omega t + 120°) \big]$$

经过三角运算并化简后可以得出

$$p = 2 U_\text{p} I_\text{p} \times \frac{3}{2} \cos\varphi \tag{4-23}$$

由此可知，对称三相电路在相电压、相电流及功率因数恒定的情况下，它的总瞬时功率为一常量。这是三相制的又一优点。由于具有这样一个优点，三相发电机和电动机的瞬时功率为常数，它所产生的机械转矩是恒定的。所以三相电机比单相电机运行平稳，机械振动较小。既然如此，它的平均功率，即总的有功功率也等于这个常量，可用方程式表示为

$$P = 3 U_\text{p} I_\text{p} \cos\varphi \tag{4-24}$$

因为三相电路中测量线电压和线电流比较方便，所以三相功率通常不

用相电压和相电流表示，而用线电压（U_1）和线电流（I_1）表示。

若三相负载是星形联结，则 $U_p = \dfrac{U_1}{\sqrt{3}}$，$I_p = I_1$，$P = \sqrt{3}\,U_1 I_1 \cos\varphi$

若三相负载是三角形联结，则 $U_p = U_1$，$I_p = \dfrac{I_1}{\sqrt{3}}$，$P = \sqrt{3}\,U_1 I_1 \cos\varphi$

综上所述，对称三相电路总的有功功率等于线电压、线电流和功率因数乘积的 $\sqrt{3}$ 倍，而与联结方法无关。

> **【注意】** 这里所说的功率因数仍是指每相负载的功率因数，即 φ 角仍然是各相电流与相应的相电压之间的相位差。

同理，对称三相负载总的无功功率也等于三相无功功率的和，即

$$Q = 3U_p I_p \sin\varphi = \sqrt{3}\,U_1 I_1 \sin\varphi \tag{4-25}$$

对称三相负载的视在功率为

$$S = \sqrt{P^2 + Q^2} = \sqrt{3}\,U_1 I_1 \tag{4-26}$$

各式中的 φ 角由负载的电阻 R 和电抗 X 决定

$$\varphi = \arctan\frac{X}{R}$$

$\cos\varphi$ 由下式确定

$$\cos\varphi = \frac{P}{S} = \frac{R}{|Z|} \tag{4-27}$$

> **【例 4-3】** 一台三相异步电动机每相等效阻抗为 $Z = 29 + j21.8\,\Omega$，绕组额定相电压为 220V，试求：（1）绕组接成星形，接于线电压为 380V 的对称三相电源时的相电流、线电流及从电源取用的功率，并计算其功率因数；（2）绕组接成三角形，接于线电压为 220V 的对称三相电源时的相电流、线电流及从电源取用的功率，并计算其功率因数。
>
> **解** （1）电动机绕组星形联结时，电源的相电压（也是加于每相绕组的电压）为
>
> $$U_p = \frac{U_1}{\sqrt{3}} = \frac{380}{\sqrt{3}} = 220(\text{V})$$
>
> 相电流（等于线电流）为
>
> $$I_p = I_1 = \frac{U_1}{|Z|} = \frac{220}{\sqrt{29^2 + 21.8^2}} \approx 6.1(\text{A})$$
>
> 功率因数为
>
> $$\cos\varphi = \frac{R}{|Z|} = \frac{29}{\sqrt{29^2 + 21.8^2}} \approx 0.8$$
>
> 电动机从电源取用的功率为
>
> $$P = \sqrt{3}\,U_1 I_1 \cos\varphi = \sqrt{3} \times 380 \times 6.1 \times 0.8 \approx 3200(\text{W}) = 3.2\text{kW}$$
>
> （2）电动机绕组三角形联结时，每相负载的相电压等于电源线电压，即

$$U_p = U_1 = 220A$$

每相绕组中的电流为

$$I_p = \frac{U_p}{|Z|} = \frac{220}{\sqrt{29^2 + 21.8^2}} \approx 6.1(A)$$

每条端线中的电流为

$$I_1 = \sqrt{3} I_p = \sqrt{3} \times 6.1 \approx 10.5(A)$$

功率因数为

$$\cos\varphi = \frac{R}{|Z|} = \frac{29}{\sqrt{29^2 + 21.8^2}} \approx 0.8$$

电动机从电源吸取的功率为

$$P = \sqrt{3} U_1 I_1 \cos\varphi = \sqrt{3} \times 220 \times 10.5 \times 0.8 \approx 3200(W) = 3.2kW$$

✓⁺ 小结

1. 三相电源一般由三相发电机获得。对称三相电源由 3 个幅值相等、频率相同而相位差为 120° 的正弦电压源组成，其相电压的相量表达式是

$$\dot{U}_A = U_p \underline{/0°}, \quad \dot{U}_B = U_p \underline{/-120°}, \quad \dot{U}_C = \dot{U}_p \underline{/120°}$$

三相电源有两种联结方式，星形联结的特点是 $U_1 = \sqrt{3} U_p$，三角形联结的特点是 $U_1 = U_p$。

2. 凡是对称三相电路都可用一相法计算，再推知其他两相。星形联结负载时的特点是 $I_1 = I_p$，$U_1 = \sqrt{3} I_p$，而相位超前 30°。三角形联结负载的特点是 $U_1 = U_p$，$I_1 = \sqrt{3} I_p$，而相位滞后 30°。

3. 三相对称电路的功率

平均功率：$P = 3U_p I_p \cos\varphi = \sqrt{3} U_N I_N \cos\varphi$。

无功功率：$Q = 3U_p I_p \sin\varphi = \sqrt{3} U_N I_N \sin\varphi$

视在功率：$S = 3U_p I_p = \sqrt{3} U_N I_N$

✓⁺ 练习题 4

1. 什么是三相电源的相序？什么是正序？

2. 什么是线电压？什么是相电压？对于 Y–Y 联结的情况，相电压和线电压有何关系？

3. 如何计算三相对称负载的功率？φ 角指什么？

4. 有一个三相对称负载，每相电阻 $R = 8\Omega$，感抗 $X_L = 6\Omega$，如果将负载联结成星形接于线电压 $U_1 = 380V$ 的三相电源上。试求相电压、相电流及线电流。

5. 对称三相电路如图 4-14 所示，已知 $Z = 6 + j8\Omega$，$\dot{U}_{AB} = 380\sqrt{2}\sin(\omega t +$

30°）V，求负载中各电流相量。

6. 有一个三相异步电动机，其绕组联结成三角形接于线电压 $U_1 = 380V$ 的三相电源上，从电源所取用的功率 $P = 11.43kW$，功率因数 $\cos\varphi = 0.87$，试求电动机的相电流和线电流。

7. 图 4-15 所示为三相四线制电路，电源线电压 $U_1 = 380V$，3 个电阻性负载联结成星形，其电阻为 $R_a = 11\Omega$，$R_b = R_c = 22\Omega$。（1）试求负载相电压、相电流及中性线电流，并作出相量图；（2）若无中性线，求负载相电压及中性线电压；（3）若无中性线，当 A 相短路时，求各相电压和电流，并作出相量图；（4）若无中性线，当 C 相断线时，求另外两相的电压和电流；（5）在（3）、（4）中若有中性线，则又如何？

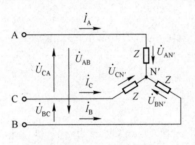
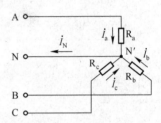

图 4-14　习题 5 的图　　　　　图 4-15　习题 7 的图

8. 不对称星形联结的三相负载接于对称三相四线制的电源上，如图 4-16 所示，电源线电压 $U_1 = 380V$，各相阻抗 $Z_A = 6 + j8\Omega$，$Z_B = 20\angle{-90°}\ \Omega$，$Z_C = 10\Omega$。试求：（1）各相电流、线电流，并作出相量图；（2）电源供给的有功功率、无功功率和视在功率；（3）三相平均功率 P。

9. 在线电压为 380V 的三相电源上，接有两组对称负载，如图 4-17 所示。试求：线路电流、电源输出的有功功率、无功功率和视在功率。已知 △联结负载的功率因数为 0.8（感性），$|Z| = 10\Omega$。Y联结负载的功率因数为 0.866（感性），$|Z| = 20\Omega$。

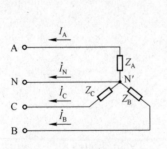
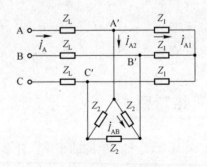

图 4-16　习题 8 的图　　　　　图 4-17　习题 9 的图

第5章 EDA 技能训练——EWB 操作入门

随着电子技术和计算机技术的发展，电子产品已与计算机紧密相连，电子产品的智能化日益完善，电路的集成度越来越高，而产品的更新周期却越来越短。电子设计自动化（EDA）技术使得电子线路的设计人员能在计算机上完成电路的功能设计、逻辑设计、性能分析、时序测试直至印制电路板（PCB）的自动设计。EDA 是在计算机辅助设计（CAD）技术的基础上发展起来的计算机设计软件系统。与早期的 CAD 软件相比，EDA 软件的自动化程度更高，功能更完善，运行速度更快，而且操作界面友善，有良好的数据开放性和互换性。

5.1 EWB 软件简介

电子工作平台 Electronics Workbench（EWB）（现称为 Multisim）软件是加拿大 Interactive Image Technologies 公司于 20 世纪 80 年代末、90 年代初推出的用于电子电路仿真的虚拟电子工作台软件，它具有以下特点。

（1）采用直观的图形界面创建电路：在计算机屏幕上模仿真实实验室的工作台，绘制电路图需要的元器件、电路仿真需要的测试仪器均可直接从屏幕上选取。

（2）软件仪器的控制面板外形和操作方式都与实物相似，可以实时显示测量结果。

（3）EWB 软件带有丰富的电路元器件库，提供多种电路分析方法。

（4）作为设计工具，它可以同其他流行的电路分析、设计和制板软件交换数据。

（5）EWB 软件还是一个优秀的电子技术训练工具，利用它提供的虚拟仪器可以用比实验室中更灵活的方式进行电路实验，仿真电路的实际运行情况，熟悉常用电子仪器测量方法。

因此，EWB 软件非常适合电子类课程的教学和实验。本章向大家介绍 EWB 软件的初步知识和基本操作方法，内容仅限于对含有线性 RLC 元件及通用运算放大器电路的直流、交流稳态和暂态分析。

✓⁺ 5.2 EWB软件界面

5.2.1 主窗口

从图5-1可以看出，EWB很像一个实际的电子工作室。元器件和仪器、构造和测试电路的每件设备都已准备好了。EWB的主窗口主要由以下8部分构成。

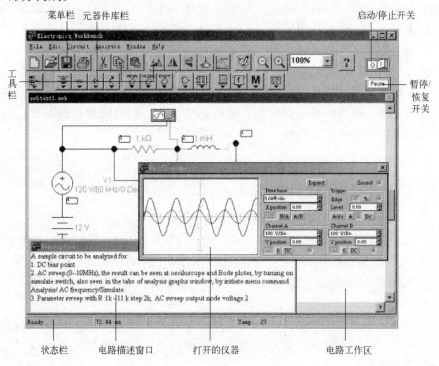

图 5-1 EWB 的主窗口

（1）菜单栏（Menus）：提供电路文件的存取、SPICE文件的转入或转出、电路图的编辑、电路的模拟与分析、在线帮助。

（2）工具栏（Toolbars）：最常用的菜单命令，包含用于编辑电路设计所需的按钮。

（3）电路工作区（Circuit Window）：供使用者进行电路设计。

（4）元器件库栏（Parts Bin Toolbar）：显示详细元器件列表，有各类元器件及测试仪表。

（5）电路描述窗口（Description Window）：供使用者输入文本以描述电路。

（6）启动/停止开关：显示仪表的面板控制与功能选择。

（7）暂停/恢复开关：可以用来控制仿真实验的步骤。

（8）状态栏（Status Line）：可以显示光标所指处元器件或仪表的名称。在模拟过程中，可以显示模拟中的现状及分析所需要的模拟时间，此时间不是实际的CPU运行时间。

5.2.2　电路元器件库

　　EWB 电子工作平台提供了丰富的、可扩充和可自定义的电子元器件。元器件根据不同类型被分成 14 个元器件库，即自定义器件库（Favorites）、信号源库（Sources）、基本元器件库（Basic）、二极管库（Diodes）、三极管库（Transistors）、模拟集成电路库（Analog ICs）、混合集成电路库（Mixed ICs）、数字集成电路库（Didital ICs）、逻辑门电路库（Logic Gates）、触发器件库（Digital）、指示器件库（Indicators）、控制器件库（Controls）、其他器件库（Miscellaneous）和仪器库。这些库都以图标形式显示在主窗口界面上，如图 5-2 ～图 5-8 所示。

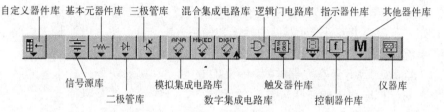

图 5-2　元器件库栏

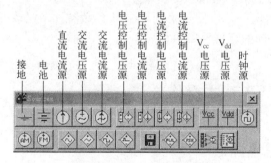

图 5-3　信号源库

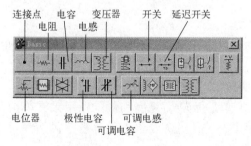

图 5-4　基本元器件库

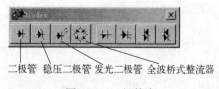

二极管　稳压二极管　发光二极管　全波桥式整流器

图 5-5　二极管库

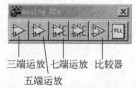

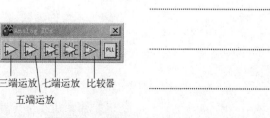

三端运放　七端运放　比较器
五端运放

图 5-6　模拟集成电路库

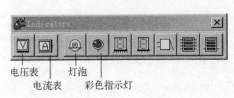

图 5-7 指示器件库   图 5-8 仪器库

在设计电路时，只要单击所需的元器件库的图标，就会显示该库中所有元器件的图标，再用光标点住所需的元器件，把它拖动到电路工作区内，然后放手，元器件就能够放置到想要放置的地方。若要调整所选元器件原来的默认设置参数，只需用鼠标双击该元器件，选择"模型"（Model）栏内的"编辑"（Edit）项，显示该元器件的参数设置对话框，供使用者进行修改和设定。若需要了解所选元器件的性能和使用方法，可以按"F1"键，电路工作台将显示所需了解元器件的性能、技术参数等数据。

同时，EWB 还有元器件库和元器件的创建和删除功能，自建元器件主要针对模拟电路中的一些较复杂的元器件。自建元器件有两种方法：一种是将多个元器件库中的基本元器件组合成一个"模块"，需要使用时，将它作为一个"电路模块"直接从库中调用，该种元器件的创建可以采用"子电路"的方法实现；另一种是采用库中已有元器件，仅改变其内部参数，再存储到自己创建的元器件库中。

5.3 EWB 基本操作方法介绍

5.3.1 创建电路

1. 元器件操作

（1）元器件选用：打开元器件库栏，移动光标到需要的元器件图形上，单击鼠标左键，将元件符号拖曳到工作区。

（2）元器件的移动：用鼠标拖曳。

（3）元器件的旋转、反转、复制和删除：用鼠标单击元器件符号将其选定，用相应的菜单、工具栏，或单击鼠标右键激活弹出菜单，选定需要的动作。

（4）元器件参数设置：选定元器件，从右键弹出菜单中选择"Component Properties"，可以设定元器件的标签（Label）、编号（Reference ID）、数值（Value）和模型参数（Model）、故障（Fault）等特性。

【说明】
　　☺元器件各种特性参数的设置可通过双击元器件弹出的对话框进行。

☺ 编号（Reference ID）通常由系统自动分配，必要时可以修改，但必须保证编号的唯一性。

☺ 故障（Fault）选项可供人为设置元器件的隐含故障，包括开路（Open）、短路（Short）、漏电（Leakage）、无故障（None）等设置。

2. 导线的操作

导线的操作主要包括导线的连接、弯曲导线的调整、导线颜色的改变及连接点的使用。

（1）连接：光标指向一个元器件的端点，出现小圆点后，按下鼠标左键并拖曳导线到另一个元器件的端点，出现小圆点后松开鼠标左键。

（2）删除和改动：选定该导线，单击鼠标右键，在弹出菜单中选择"Delete"，或者用鼠标将导线的端点拖曳离开它与元器件的连接点。

【说明】

☺ 连接点是一个小圆点，存放在无源元件库中，一个连接点最多可以连接来自 4 个方向的导线，而且连接点可以赋予标志。

☺ 向电路插入元器件时，可直接将元器件拖曳放置在导线上，然后释放即可将其插入在电路中。

3. 电路图选项的设置

在"Circuit/Schematic Option"对话框中可以设置标志、编号、数值、模型参数、节点号等的显示方式及有关栅格（Grid）、显示字体（Fonts），该设置对整个电路图的显示方式有效。其中，节点号是在连接电路时，EWB 自动为每个连接点分配的。

5.3.2　使用仪器

1. 电压表和电流表

从指示器件库中选定电压表或电流表，用鼠标将其拖曳到电路工作区中，通过旋转操作可以改变其引出线的方向。双击电压表或电流表可以在弹出的对话框中设置工作参数。电压表和电流表可以多次选用。

2. 数字多用表

数字多用表的量程可以自动调整。图 5-9 所示为其图标和面板。

数字多用表的电压挡、电流挡的内阻，电阻挡的电流和分贝挡的标准电压值都可以任意设置。从打开的面板上单击"Setting"按钮即可设置其参数。

3. 示波器

示波器为双踪模拟式，其图标和面板如图 5-10 所示。

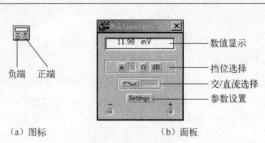

（a）图标　　　　　　　（b）面板

图 5-9　数字多用表

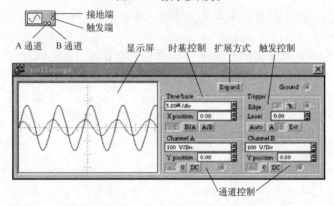

图 5-10　示波器

☺ Expand——面板扩展按钮。

☺ Time base——时基控制。

☺ Trigger——触发控制，包括：

  ⊳ Edge——上（下）跳沿触发；

  ⊳ Level——触发电平；

  ⊳ 触发信号选择按钮：Auto（自动触发按钮），A、B（A、B 通道触发按钮），Ext（外触发按钮）。

☺ X（Y）position——X（Y）轴偏置。

☺ Y/T、B/A、A/B——显示方式选择按钮（幅度/时间、B 通道/A 通道、A 通道/B 通道）。

☺ AC、0、DC——Y 轴输入方式按钮（AC、0、DC）。

4. 信号发生器

信号发生器可以产生正弦、三角波和方波信号，其图标和面板如图 5-11 所示，可调节方波和三角波的占空比。

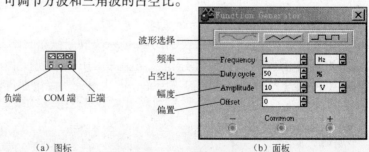

（a）图标　　　　　　　　　（b）面板

图 5-11　信号发生器

5. 波特图仪

波特图仪类似于实验室的扫频仪，可以用来测量和显示电路的幅度—频率（幅频）特性和相位—频率（相频）特性。波特图仪的图标和面板如图 5-12 所示。

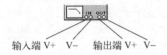

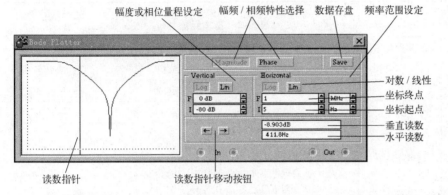

图 5-12　波特图仪

波特图仪有 IN 和 OUT 两对端口，分别接电路的输入端和输出端。每对端口从左到右分别为 V + 端和 V - 端，其中 IN 端口的 V + 端和 V - 端分别接电路输入端的正端和负端，OUT 端口的 V + 端和 V - 端分别接电路输出端的正端和负端。此外，在使用波特图仪时，必须在电路的输入端接入AC（交流）信号源，但对其信号频率的设定并无特殊要求，频率测量的范围由波特图仪的参数设置决定。

☺ Magnitude（Phase）——幅频（相频）特性选择按钮；

☺ Vertical（Horizontal）Log/Lin——垂直（水平）坐标类型选择按钮（对数/线性）；

☺ F（I）——坐标终点（起点）。

5.3.3　元器件库中的常用元器件

EWB 软件带有丰富的元器件模型库，在电路分析软件实验中要用到的元器件及其参数的意义见表 5-1 和表 5-2。

表 5-1　信号源

元器件名称	参 数	默认设置值	设 置 范 围
电池（直流电压源）	电压 V	12V	$\mu V \sim kV$
直流电流源	电流 I	1A	$\mu A \sim kA$
交流电压源	电压 V 频率 f 相位 φ	120V 60Hz 0°	$\mu V \sim kV$ $Hz \sim MHz$ °

元器件名称	参　　数	默认设置值	设　置　范　围
交流电流源	电流 I 频率 f 相位 φ	1A 1Hz 0°	μA $\sim$ kA Hz $\sim$ MHz °
电压控制电压源	电压增益 E	1V/V	mV/V $\sim$ kV/V
电压控制电流源	互导 G	1S	mS $\sim$ MS
电流控制电压源	互阻 H	1Ω	mΩ $\sim$ MΩ
电流控制电流源	电流增益 F	1A/A	mA/A $\sim$ kA/A

表5-2　基本元器件

元器件名称	参　　数	默认设置值	设　置　范　围
电阻	电阻值 R	1kΩ	Ω $\sim$ MΩ
电容	电容值 C	μF	pF $\sim$ F
电感	电感值 L	1mH	μH $\sim$ H
线性变压器	匝数比（初级/次级）N 漏感 L_e 激磁电感 L_m 一次绕阻电阻 R_P 二次绕阻电阻 R_S	2 0.001H 5H 0Ω 0Ω	
开关	键	Space	A $\sim$ Z, 0 $\sim$ 9, Enter, Space
延迟开关	导通时间 T_{on} 断开时间 T_{off}	0.5s 0s	ps $\sim$ s ps $\sim$ s

5.3.4　元器件库和元器件的创建与删除

对于一些没有包括在元器件库内的元器件，可以采用自己设定的方法，自建元器件库和相应元器件。

EWB自建元器件有两种方法：一种是将多个基本元器件组合在一起，作为一个"模块"使用，可采用子电路生成的方法来实现；另一种方法是以库中的基本元器件为模板，适当改动其内部参数来得到，因而有其局限性。

若想删除所创建的库名，可到EWB的元器件库子目录名"Model"下，找出所需删除的库名，然后将它删除即可。

5.3.5　子电路的生成与使用

为了使电路连接简洁，可以将一部分常用电路定义为子电路。方法如下：首先选中要定义为子电路的所有元器件，然后单击工具栏上的生成子电路的按钮或执行菜单命令"Circuit"→"Create Subcircuit"，在弹出的对话框中输入子电路名称并根据需要单击其中的某个命令按钮，子电路的定义即告完成。所定义的子电路将存入自定义器件库中。

一般情况下，生成的子电路仅在本电路中有效。如果要应用到其他电

路中，可使用剪贴板进行复制与粘贴操作，也可将其粘贴到（或直接编辑在）Default. ewb 文件的自定义器件库中。以后每次启动 EWB，自定义器件库中均自动包含该子电路供随时调用。

5.3.6　帮助功能的使用

EWB 提供了丰富的帮助功能，执行菜单命令"Help"→"Help Index"，可调用和查阅有关的帮助内容。对于某一元器件或仪器，"选中"该对象，然后按"F1"键或单击工具栏的"帮助"按钮，即可弹出与该对象相关的内容。建议充分利用帮助内容。

5.3.7　基本分析方法

1. 直流工作点的分析

直流工作点的分析是对电路进行进一步分析的基础。在分析直流工作点前，要选定"Circuit"→"Schematic Option"中"Show nodes"（显示节点）选项，以把电路的节点号显示在电路图上。

2. 交流频率分析

交流频率分析即分析电路的频率特性。需首先选定被分析的电路节点，在分析时，电路的直流源将自动置零，交流信号源、电容、电感等均处于交流模式，输入信号也设定为正弦波形式。

3. 瞬态分析

瞬态分析即观察所选定的节点在整个显示周期中每一时刻的电压波形。在进行瞬态分析时，直流电源保持常数，交流信号源随着时间而改变，电容和电感都是能量储存模式元件。在对选定的节点做瞬态分析时，一般可先对该节点做直流工作点的分析，这样直流工作点的结果就可作为瞬态分析的初始条件。

4. 傅里叶分析

傅里叶分析用于分析一个时域信号的直流分量、基频分量和谐波分量。一般将电路中交流激励源的频率设定为基频，若在电路中有多个交流源时，可以将基频设定在这些频率的最小公因数上。

5.4　EWB 电路理论仿真初级操作实训

5.4.1　用虚拟工作台仿真电路的步骤

由于 EWB 增加了虚拟测量仪器、实时交互控制元器件和多种受控信号

源模型，除了可以给出以数值和曲线表示的 SPICE 分析结果外，EWB 还提供了独特的虚拟电子工作台仿真方式，可以用虚拟仪器实时监测显示电路的变量值，频响曲线和波形。仿真的步骤如下所述。

（1）输入原理图，在工作区放置元器件的原理图符号，连接导线，设置元件参数。

（2）放置和连接测量仪器，设置测量仪器参数。

（3）启动仿真开关，在仪器上观察仿真结果。

5.4.2　仿真实例 1：RC 低通滤波器电路的仿真

在电路工作区输入如图 5-13 所示的电路。其中包含两个正弦交流电压源，一个为 1V/2kHz，一个为 5V/60Hz，另有一个周期脉冲电压源（时钟源），幅度 5V，频率 50Hz，占空比 50%，两组电源用开关来切换。电路的输入为节点 8，输出为节点 3。按图 5-13 所示连接波特图仪、示波器和电压表。

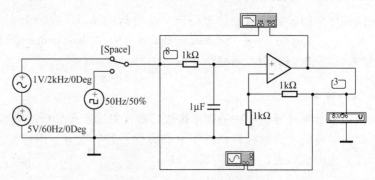

图 5-13　RC 低通滤波器电路

1. 测试电路的频率特性曲线

双击波特图仪图标打开其面板，然后单击仿真启动开关，在波特图仪的显示屏幕上可以观看电路的幅频特性和相频特性曲线，如图 5-14 和图 5-15 所示。

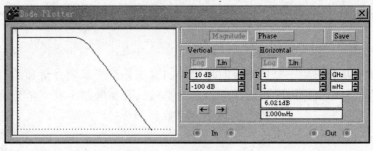

图 5-14　幅频特性

2. 观测电路的滤波效果

按空格键将开关连接到两个正弦交流信号源上。双击连接示波器输入的导线，将两个通道的输入导线设置成不同的颜色以便于波形的观察。打开示波器面板，启动电路仿真开关，这时在示波器上可以看到两个波形，如图 5-16 所示，输入波形为 60Hz 正弦波与 2kHz 小幅度正弦波的叠加波形。输出波形中，2kHz 正弦波成分已经基本上被滤除。

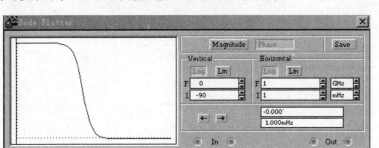

图 5-15　相频特性

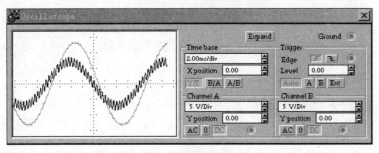

图 5-16　双信号源输入波形

3. 观察电路对周期脉冲序列的瞬态响应

按空格键将开关连接到周期脉冲信号源上。启动电路仿真开关，这时在示波器上可以看到两个波形，如图 5-17 所示。输入波形为周期方波，输出波形为按指数规律上升、下降的脉冲序列。改变输入脉冲波的频率，可以看到输出波形的形状随之发生变化。

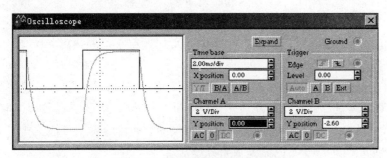

图 5-17　周期脉冲源输出波形

5.4.3　仿真实例 2：共发射极单级放大电路的仿真

1. 电路的创建

电路图如图 5-18 所示。采取前文提到的方法连接电路，设置元器件参数并连接仪器，同时设置连接到示波器输入端的导线为不同颜色，这样可区分两路不同的波形。

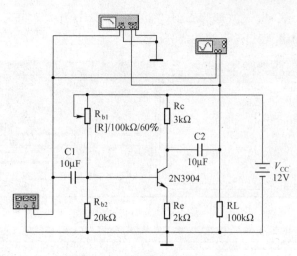

图 5-18　共发射极单级放大电路

2. 电路文件的保存

电路创建好后，可将其保存，以备调用。

3. 电路的仿真实验

（1）双击有关仪器的图标打开其面板，准备观察被测试点的波形，如图 5-19 所示。

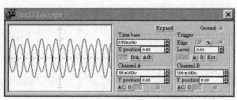

图 5-19　被测试点的波形

（2）按下电路启动/停止开关，仿真实验开始。如果要使实验过程暂停，可单击右上角的"Pause"（暂停）按钮；再次单击"Pause"按钮，实验恢复运行。

（3）调整示波器的时基和通道控制，使波形显示正常。一般情况下，示波器连续显示并自动刷新所测量的波形。如果希望仔细观察和读取波形数据，可以设置"Analysis/Analysis Options/Instruments"对话框中"Pause after each screen"（示波器屏幕满暂停）选项。

（4）从波特图仪的面板上观测电路的幅频特性和相频特性。如果对波特图仪面板参数进行修改（如图 5-20 所示），建议修改后重新启动电路，以保证曲线的精确显示。

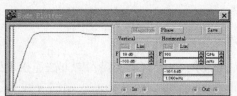

图 5-20　参数修改

5.4.4　电路的描述

执行菜单命令"Window"→"Description",可打开电路描述窗口,在该窗口中可以输入有关实验电路的描述内容。

5.4.5　实验结果的输出

(1)最终测试电路的保存。

(2)输出电路图或仪器面板(包括显示波形)到其他文字或图形编辑软件,用于实验报告的编写。该操作可通过菜单命令"Edit"→"Copy as Bitmap"来完成,具体操作方法请参阅 EWB 的帮助文件。

(3)打印输出。

5.5　SPICE 方式分析电路

1. 直流工作点分析

在工作区构造电路,执行菜单命令"Circuit"→"Schematic Options",在弹出的对话框中选定显示节点(Show Nodes),把电路的节点标号显示在原理图上;执行菜单命令"Analysis"→"DC Operating Point",EWB 对电路做直流工作点分析,分析结果显示在"Analysis Graphs"窗口的"DC Bias"栏中。

例如,图 5-21 所示为在电路工作区建立的电路原理图,其直流工作点分析结果如图 5-22 所示。

【注意】在直流分析时,交流电源被视为零值,电容开路,电感短路。

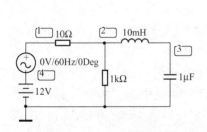

图 5-21　电路原理图

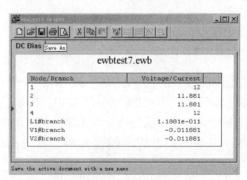

图 5-22　直流工作点分析

2. 交流频响分析

(1)创建原理图,执行菜单命令"Analysis"→"AC Frequncy"。

（2）在弹出的对话框中设定要分析的电路节点，分析起始频率、终点频率、扫描形式，显示点数和纵轴尺度。

（3）单击"Simulate"按钮，分析完成后，在"Analysis Graphs"窗口的"AC Anlysis"栏中可以看到幅频和相频特性曲线。图5-21所示电路的交流频率分析结果如图5-23所示。

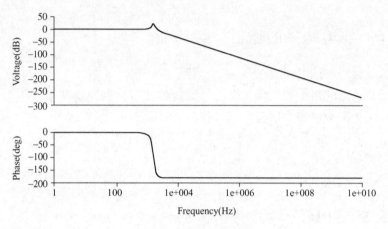

图5-23　交流频率分析

3. 瞬态分析

（1）输入原理图，执行菜单命令"Analysis"→"Transient"。

（2）在弹出的对话框中设置瞬态分析参数，参数的意义如下所述。

☺ 初始条件选择。

　　▷ Set to Zero：设置为零；

　　▷ User-defined：采用用户定义的节点电压的初始值；

　　▷ Calculate DC Operating Point：先计算直流工作点，取其作为初始条件。

☺ 分析时间与步长。

　　▷ TSTART：起点时间；

　　▷ TSTOP：终点时间。

步长通常可以选择自动步长（Generate time steps automatically）。

（3）单击"Simulate"按钮开始分析，分析结果显示在"Analysis Graphs"窗口的"Transient"栏中。例如，对图5-21所示电路作瞬态分析，将图中交流电源的幅度设置为零，并将电容初始电压设为5V（方法是：双击节点标号3或电容上端的导线，在弹出的对话框中选"Node"栏，选定"Use initial conditions"选项，在右侧的数字栏中输入5V）。在瞬态分析参数设置对话框中选择初始条件为"User-defined"，选择节点3作为分析节点，然后单击"Simulate"按钮进行分析，节点3电压的动态曲线如图5-24所示。

4. 参数扫描分析

采用参数扫描方法分析电路，可以观察某元器件参数在一定范围内变化时对电路特性的影响。操作步骤如下所述。

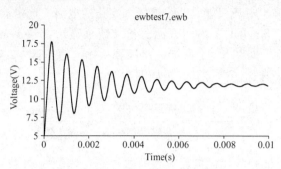

图 5-24　节点 3 电压的动态曲线

（1）确定输出节点和要扫描的元器件和参数。

（2）执行菜单命令"Analysis"→"Parameter Sweep"，在弹出的参数设置对话框中设置要分析的元器件（Component）、元器件参数（Parameter）、参数起始和终点值（Start Value 和 End Value），扫描方式（Sweep type）为线性（Linear）、倍程（Octave）或 10 倍程（Decade）之一。采用线性方式时，要设定变化增量（Increment step size），可以设定输出节点（Output node）。对每个参数取值要分析的类型，可以是直流工作点、瞬态或交流频响分析，单击"Set Transient Options"或"Set AC Options"按钮可以对瞬态或交流频响分析参数进行设置。

（3）单击"Simulate"按钮开始分析，结果显示在"Analysis Graphs"窗口的"Parameter"栏中。例如，让图 5-21 所示电路中的 R1（10Ω）电阻按 10 倍程从 10Ω 到 1000Ω 变化，作电路瞬态响应的参数扫描分析，瞬态分析的设置与前面的设置相同，得到的分析结果如图 5-25 所示。

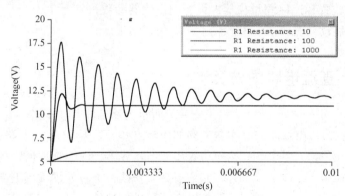

图 5-25　电路瞬态响应的参数扫描分析

5. 小信号传递函数分析

传递函数分析是计算电路在直流工作点附近的线性化模型中，从某独立源到某一个输出变量的传递函数，同时计算输入阻抗和输出阻抗。

（1）确定输出节点和独立源。

（2）执行菜单命令"Analysis"→"Transfer Function"，在弹出的对话

框中设置参数，包括输出变量为电压或电流。输出电压是输出节点到参考节点的电压；输出电流只能是某个电压源支路的电流。选定输入电源。

（3）单击"Simulate"按钮开始分析，结果显示在"Analysis"窗口的"Transfer"栏中。对图5-21所示电路计算从输入电压源V2到节点3的节点电压的小信号传递函数，其结果如图5-26所示。

ewbtest7.ewb

Quantity	Value
Output impedance at 3	9.901
Transfer function	0.9901
V2#Input impedance	1010

图5-26　传递函数分析

5.6　EWB电路理论仿真高级操作实训

EWB提供了独特的虚拟电子工作台仿真方式，利用虚拟测量仪器、实时交互控制元器件和多种受控信号源模型，除了可以给出以数值和曲线表示的SPICE分析结果外，还可以用类似于真实实验室工作台的环境和交互操作方法，由使用者控制分析过程，随时改变电路参数，用虚拟仪器实时监测显示电路的变量值和波形。虚拟实验方式仿真的步骤如下所述。

（1）输入原理图，即在工作区放置元器件的原理图符号，连接导线，设置元件参数；

（2）放置和连接测量仪器，设置测量仪器参数；

（3）启动仿真开关，在仪器上读取仿真结果。

5.6.1　直流电路的仿真

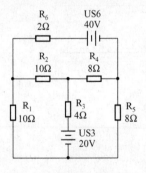

图5-27　直流电路原理图

图5-27所示为直流电路原理图，若要求其中各支路的电流和电压，则可根据电路原理图，按照仿真步骤，从元器件库栏选取所需的元器件并将它拖曳到工作区，通过元器件模型参数设定对话框设定元器件的数值、标签和编号，再用导线把它们连接成所需的电路。在需要测量电流的支路中串联电流表，在需要测量电压处并联电压表，然后按下仿真开关，即可在电流表和电压表上读取支路电流和支路电压数值，如图5-28所示。

在工作区建立原理电路图后，也可以执行菜单命令"Circuit"（电路菜单）→"Schematic Options"（原理图选项），在弹出的对话框中选定"Show

Nodes"（显示节点），把电路的节点标号显示在原理图上，如图 5-29 所示；然后执行菜单命令"Analysis"（分析菜单）→"DC Operating Point"（直流工作点），EWB 对电路作直流工作点分析，分析的结果显示在"Analysis Graphs"（分析图）窗口的"DC Bias"（直流偏压）栏中，其中显示了各节点的电压和电压源支路的电流，如图 5-30 所示。

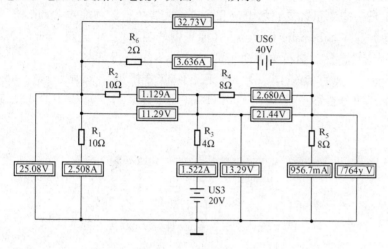

图 5-28　仿真直流电路接线图

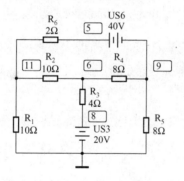

图 5-29　标志节点的电路

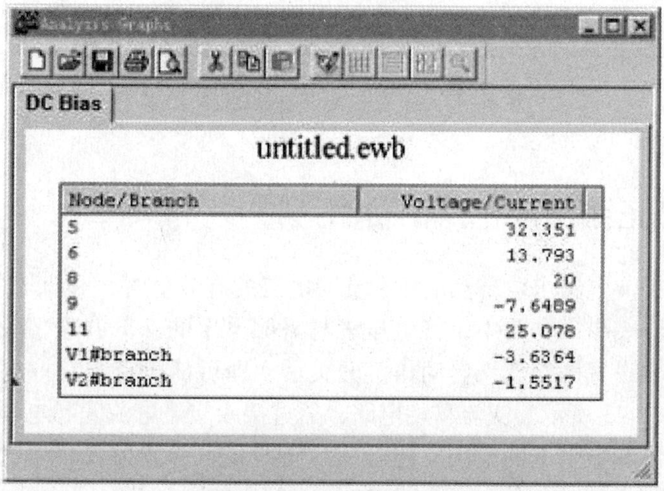

Node/Branch	Voltage/Current
5	32.351
6	13.793
8	20
9	-7.6489
11	25.078
V1#branch	-3.6364
V2#branch	-1.5517

untitled.ewb

图 5-30　直流分析结果

对于含有受控源的电路，在建立原理电路时，将受控源元件接入相应的受控位置，而把该受控源元件的控制元件接到相应的控制支路，即把电流控制元件（▭）串入控制支路。

把电压控制元件（▭）并联在控制电压上，图5-31所示为含有电流控制电压源的电路，可与图5-29中所示的电路一样，在电路中接入电流表和电压表来测量各支路的电流和电压；或者执行菜单命令"Circuit"（电路菜单）→"Schematic Options"（原理图选项），从中选定"Show Nodes"（显示节点），然后执行菜单命令"Analysis"（分析菜单）→"DC Operating Point"（直流工作点），直流工作点分析的结果显示在"Analysis Graphs"（分析图）窗口的"DC Bias"（直流偏压）栏中，如图5-32所示。

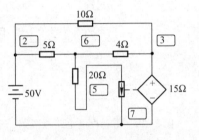

图5-31　含受控源的电路

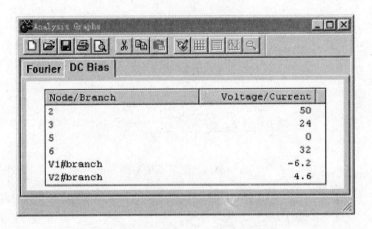

图5-32　含受控源的电路的分析结果

5.6.2　正弦交流电路的仿真

对于交流电路求取节点电压和支路电流的有效值时，和直流电路一样，可以将电流表串入支路中，将电压表与需测电压的部分并联，只是电流表和电压表要设置为交流，启动仿真开关后，即可从表计上读取电流和电压数值。图5-33所示为交流移相电路，通过接入交流电流表和电压表可测得电路的电流和电阻上的电压，还可从示波器显示的波形观察到电阻上电压的相位（即电流的相位）超前电源电压60°，如图5-34所示。

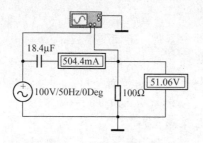

图 5-33　交流移相电路

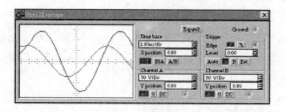

图 5-34　交流电路中电流与电压的波形

图 5-35 所示为交流梯形电路，已知电阻 $R = 100\Omega$，求电容 C 为多大时，输出电压与输入电压相位相反。为此，在电路中接入示波器，它的 A、B 两个通道分别接到节点①（输入）和节点④（输出），如图 5-36（a）所示，当调节电容 C 的大小为 $78\mu F$ 时，示波器显示的输出与输入波形恰好反相，如图 5-36（b）所示。

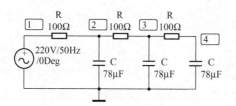

图 5-35　交流梯形电路

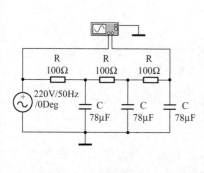

（a）交流梯形电路

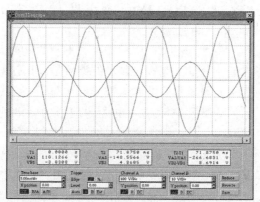

（b）输入波形和输出波形

图 5-36　交流梯形电路输入波形和输出波形

对于交流电路还可以进行频率特性分析，在工作区建立原理电路图后，

执行菜单命令"Analysis"（分析菜单）→"AC Freqency"（交流频率分析），在弹出的对话框中需要设定如下参数：

☺ Nodes for Analysis（需要分析的电路节点）；

☺ Start Freqency（分析的起始频率）；

☺ End Freqency（分析的终点频率）；

☺ Sweep type（扫描形式）；

☺ Number of point（显示点数）；

☺ Vertical scale（纵轴尺度）。

例如，在图 5-35 所示的电路中选择节点④进行分析，然后单击"Simulate"按钮，分析完成后，在"Analysis Graphs"窗口的"AC Analysis"栏中可以看到幅频和相频特性曲线。图 5-35 所示电路的频率分析结果如图 5-37 所示。

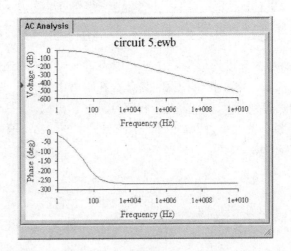

图 5-37　幅频特性和相频特性

5.6.3　非正弦交流电路的仿真

图 5-38（a）所示为非正弦周期电流电路，电源含有一、三、五、七次谐波分量，电压表显示的读数是非正弦电源电压的有效值。图 5-38（b）为示波器显示的电源的波形和电感元件上的电压波形，可以看出，由 4 个谐波分量叠加而成的电源的波形为脉动的矩形波，电感上的电压为非正弦波。

图 5-39 所示的是一个滤波器电路，电源电压中含基波和 3 次谐波分量。滤波器由电感和电容组成，其中 LC 并联部分对基波频率发生谐振，将基波分量阻隔；整个滤波器对 3 次谐波频率发生串联谐振，故 3 次谐波分量能全部到达负载，使负载电阻电压中只有 3 次谐波分量。如图 5-40 所示，示波器显示的是电源和负载的电压波形，可见负载电压的波形基本上为 3 次谐波分量。

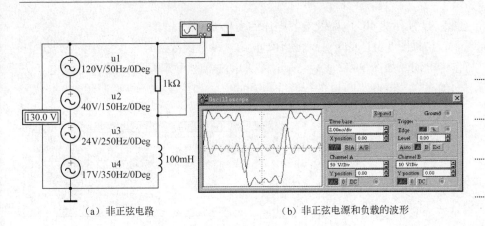

（a）非正弦电路   （b）非正弦电源和负载的波形

图 5-38 非正弦电路及波形

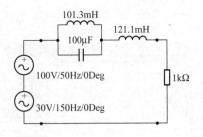

图 5-39 滤波器电路

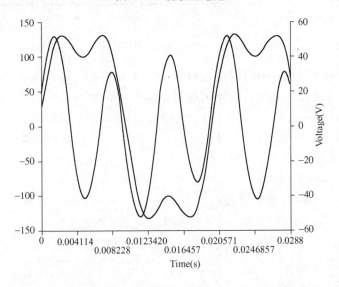

图 5-40 滤波器电源和负载的电压波形

5.6.4 暂态电路的仿真

暂态电路中电流和电压的变化，可通过将相关的电压和电流（即电阻上的电压）接入示波器，按下电路中开关设置值按钮（默认设置时为"Space"键），即电路进行换路，此时在示波器上显示的即为相应的波形。

图5-41所示为RC电路及电容电压的变化波形。

如果图5-41（a）所示的RC电路，改用函数信号发生器中的方波电压作为电源。如图5-42（a）所示，从示波器上可观察到，随着方波电压方向的改变，电容不断地进行着充电和放电，如图5-42（b）所示。

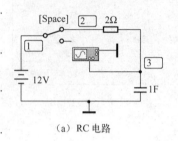

（a）RC电路

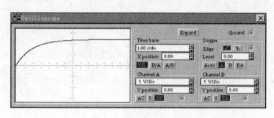

（b）电容电压的波形

图5-41　RC电路及电容电压的变化波形

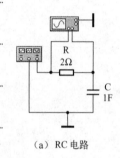

（a）RC电路

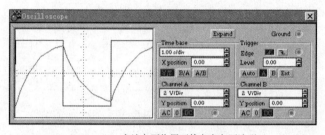

（b）方波电压作用下的电容电压波形

图5-42　方波电压作用下的RC电路及电容电压波形

电路的暂态分析还可以通过设置分析菜单中的"Transient"（暂态分析）选项来进行。对输入的原理电路，执行菜单命令"Analysis"（分析菜单）→"Transient"（暂态分析），在弹出的对话框中选择"Nodes for Analysis"（要分析的节点），并设置暂态分析参数，这包括初始条件选择和分析时间与步长选择。

初始条件的选择有：

☺ Set to Zero（设置为零）；

☺ User-defined（采用用户定义的节点电压的初始值）；

☺ Calculate DC Operating Point（先计算直流工作点，取其作为初始条件）。

分析时间的选择有：

☺ TSTART（起点时间）；

☺ TSTOP（终点时间）。

步长通常可以选择"Generate time steps automatically"（自动步长）。

单击"Simulate"按钮开始分析，分析结果显示在"Analysis Graphs"窗口的"Transient"栏中。

例如，对图5-43（a）所示的RC电路，选节点③进行分析，即选电容电压来分析，其暂态分析结果如图5-43（b）所示。

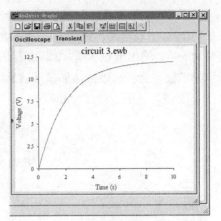

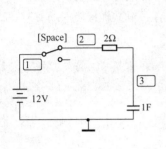

（a）RC电路　　　　　　　　（b）电容电压的分析结果

图 5-43　RC 电路及电容电压的分析结果

对于图 5-44 所示 RLC 串联的二阶电路，执行菜单命令"Analysis"（分析菜单）→"Transient"（暂态分析），对电容电压进行分析。暂态分析参数设置为：初始条件为零，起始时间为零，终点时间为 1.5s，步长设为自动步长。在"Analysis Graphs"窗口的"Transiet"栏显示的分析结果如图 5-45 所示。

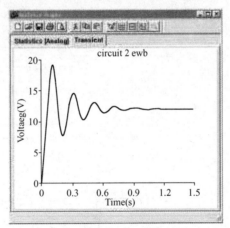

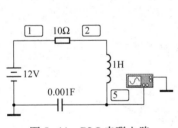

图 5-44　RLC 串联电路　　　　　　　图 5-45　暂态分析结果

由于暂态分析的结果为衰减振荡，说明描述该电路的二阶微分方程的特征根应是一对共轭复根，或者关于电容电压的网络函数的极点是一对处于复频率平面的左半平面上的共轭极点，这个结果也可通过零极点分析来得到。

零极点分析可执行菜单命令"Analysis"（分析菜单）→"Pole – Zero"（零极点分析）选项，在弹出的对话框中设定如下参数：

☺ Analysis Type（分析类型）：有 4 种类型的传输函数供选择，即电压增益分析（Gain Analysis），转移阻抗分析（Impedance Analysis），输入阻抗分析（Input Impedance）和输出阻抗分析（Output Impedance）。

☺ Nodes（节点对）：输入节点对和输出节点对。

☺ Analysis（分析）：是否包含零点分析（Zero Analysis）或极点分析（Pole Analysis）。

然后单击"Simulate"按钮开始分析。

对 RLC 串联电路，进行电容电压增益转移函数零极点分析，选定输入节点对为 5-0，输出节点为 2-0，如图 5-46（a）所示，可得到图 5-46（b）所示的零极点分析结果。结果显示该网络函数有一对共轭极点 -5 ± 31.225，这与 u_C 衰减振荡的变化规律相符。

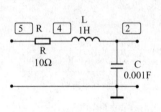

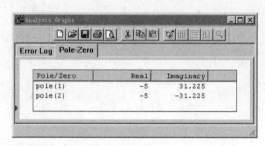

（a）RLC 串联电路　　　　　　　　　　　　（b）零极点分析结果

图 5-46　RLC 串联电路及零极点分析结果

5.6.5　运算放大器电路的仿真举例

图 5-47 ～图 5-50 所示为 4 个运算放大器电路的仿真举例。

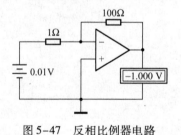

图 5-47　反相比例器电路

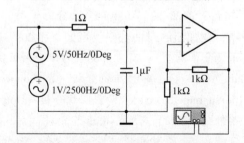

图 5-48　4 位数字模拟转换器电路

图 5-49　运算放大器构成的低通放大电路

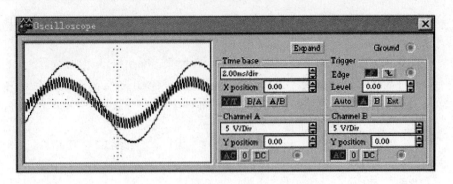

图 5-50　低通电路的输入与输出波形

5.6.6　二端口网络的仿真举例

图 5-51 和图 5-52 所示为二端口网络的仿真举例。

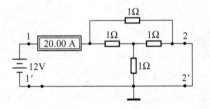 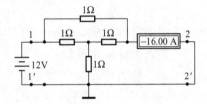

图 5-51　二端口输入导纳的测量　　　　　图 5-52　二端口转移导纳的测量

✓⁺ 小结

1. EWB 界面直观。绘制的电路图需要的元器件、测试仪器都以图标方式出现，而且仪器的操作开关、按钮同实际非常相似，很容易学会和使用。

2. EWB 易学易用。具有一般电子技术基础知识，只需数小时就可以掌握 EWB 的基本操作。

3. EWB 仿真的手段和实际相符，仪器和元器件的选用和实际情形非常相似。可以通过对电路进行仿真，既掌握电路的性能，又熟悉仪器的正确的使用方法。

4. EWB 具有齐全丰富和可扩充的元器件库，提供了数千种元器件供选用，不仅提供了元器件的理想值，而且有的元器件还提供了实际厂家的元器件模型。

5. EWB 具有完整的混合模拟与数字信号模拟的功能，可任意地在系统中集成数字及模拟元器件，会自动地进行信号转换。测试具有即时显示功能。

6. EWB 在对电路进行仿真的同时，还可以存储实验数据、波形、元器件清单、工作状态等，并可打印输出。

7. EWB 提供了各种分析手段，有静态分析、动态分析、时域分析、频

域分析、噪声分析、失真分析、离散傅里叶分析、温度分析等各种分析方法。

8. EWB 可人为地设置短路、开路、漏电等故障分析。

9. EWB 与 SPICE 软件兼容，可相互转换。EWB 产生的电路文件还可以直接输出至常见的 Protel、Tango、OrCad 等 PCB 设计软件。

10. EWB 提高了电子设计工作的效率。

✓ 练习题 5

逻辑门电路功能测试。

【预习要求】

（1）EWB 仿真软件的基本操作及仿真测试仪器的使用方法；

（2）常用 CMOS 门电路和 TTL 门电路的功能、特点。

1. 与门电路

【实训目的】 验证逻辑"与"功能。

【实训内容和步骤】 按图 5-53 所示要求连接电路，输入端接逻辑开关 A、B，输出端接指示器。改变输入状态的高、低电平，将 A、B 输入端依次接成 0-0，0-1，1-0，1-1 状态，进行电路仿真，观察输出端电平指示器的显示状态（亮为"1"，灭为"0"），并填写实训结果。实训结果填入表 5-3 的逻辑真值表中，并写出输出端 Y 的逻辑表达式和电路的逻辑功能。

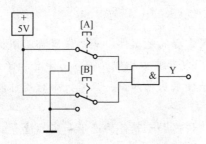

图 5-53　测试与门连线示意图

表 5-3　逻辑真值表

输入		输出
A	B	Y
0	0	
0	1	
1	0	
1	1	

逻辑表达式 Y =＿＿＿＿＿＿

逻辑功能：＿＿＿＿＿＿

2. 或门电路

【实训目的】 验证逻辑"或"功能。

【实训内容和步骤】 按图 5-54 所示要求连接电路，将 A、B 输入端依次接成 0-0，0-1，1-0，1-1 状态，观察输出端电平指示器的显示状态（亮为"1"，灭为"0"），并填写实训结果。实训结果填入表 5-4 的逻辑真值表中，并写出输出端 Y 的逻辑表达式和电路的逻辑功能。

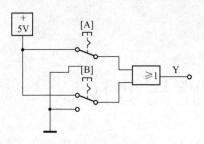

表5-4　逻辑真值表

输入		输出
A	B	Y
0	0	
0	1	
1	0	
1	1	

图 5-54　测试或门连线示意图

逻辑表达式 Y = _____

逻辑功能：_____

3. 非门电路

【实训目的】验证逻辑"非"功能。

【实训内容和步骤】按图 5-55 所示要求连接电路，将 A 输入端接逻辑开关 A，依次为 0、1 时，观察输出端电平指示器的显示状态（亮为"1"，灭为"0"），并填写实训结果。实训结果填入表 5-5 的逻辑真值表中，并写出输出端 Y 的逻辑表达式和电路的逻辑功能。

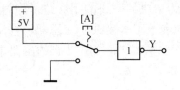

表5-5　逻辑真值表

输入	输出
A	Y
0	
1	

图 5-55　测试非门连线示意图

逻辑表达式 Y = _____

逻辑功能：_____

第6章 磁路与变压器

前面已经讨论过分析与计算各种电路的基本定律、定理和基本方法，但在很多电工设备（如变压器、电动机、电磁铁等）中，不仅有电路的问题，同时还有磁路的问题。只有同时掌握了电路与磁路的基本理论，才能对上述各种电工设备作全面分析。

6.1 磁路及其分析方法

在上述的电工设备中，常用磁性材料做成一定形状的铁心。铁心的磁导率比周围空气或其他物质的磁导率高得多，因此铁心线圈中电流产生的磁通绝大部分经过铁心而闭合。这种人为造成的磁通的闭合路径称为磁路。如图6-1（a），（b），（c）所示，分别表示了电磁铁、变压器、直流电动机的磁路。磁通通过铁心（磁路的主要部分）和空气隙（有的磁路中没有空气隙）而闭合。

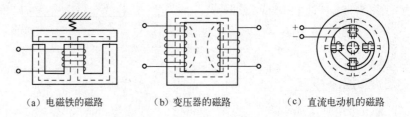

（a）电磁铁的磁路　　　　（b）变压器的磁路　　　　（c）直流电动机的磁路

图6-1　常见电气设备的磁路

6.1.1 磁场的基本物理量

磁场的特性可用以下4个基本物理量来表示。

1. 磁感应强度

磁感应强度 B 是表示磁场内某点的磁场强弱和方向的物理量。它是一个矢量。它与电流（电流产生磁场）之间的方向关系可用右手螺旋定则来判断，其大小可用 $B = \dfrac{F}{Il}$ 来衡量。

如果磁场内各点的磁感应强度的大小相等，方向相同，这样的磁场称为均匀磁场。

2. 磁通

磁感应强度 B（如果不是均匀磁场，则取 B 的平均值）与垂直于磁场方向的面积 S 的乘积，称为通过该面积的磁通 Φ，即

$$\Phi = BS \ \text{或} \ B = \frac{\Phi}{S} \tag{6-1}$$

由式（6-1）可见，磁感应强度在数值上可以看做与磁场方向相垂直的单位面积所通过的磁通，故又称磁通密度。

根据电磁感应定律的公式

$$e = -N\frac{\mathrm{d}\Phi}{\mathrm{d}t} \tag{6-2}$$

可知，在国际单位制（SI）中，磁通的单位是伏·秒，通常称为韦［伯］（Wb）。

在国际单位制中，磁感应强度的单位是特［斯拉］（T），特［斯拉］也就是韦［伯］每平方米（Wb/m²）。

3. 磁场强度

磁场强度 H 是计算磁场时所引用的一个物理量，也是矢量，通过它来确定磁场与电流之间的关系，即

$$\oint H\mathrm{d}l = \sum I \tag{6-3}$$

式（6-3）是安培环路定律（或称为全电流定律）的数学表达式。它是计算磁路的基本公式。

以环形线圈为例，如图 6-2 所示，其中媒质是均匀的，应用式（6-3）来计算线圈内部各点的磁场强度。取磁通作为闭合回线，且以其方向作为回线的围绕方向。于是

$$\oint H\mathrm{d}l = H_x l_x = H_x \times 2\pi x$$

$$\sum I = NI$$

所以

$$H_x \times 2\pi x = NI$$

即

$$H_x = \frac{NI}{2\pi x} = \frac{NI}{l_x} \tag{6-4}$$

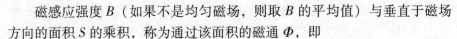

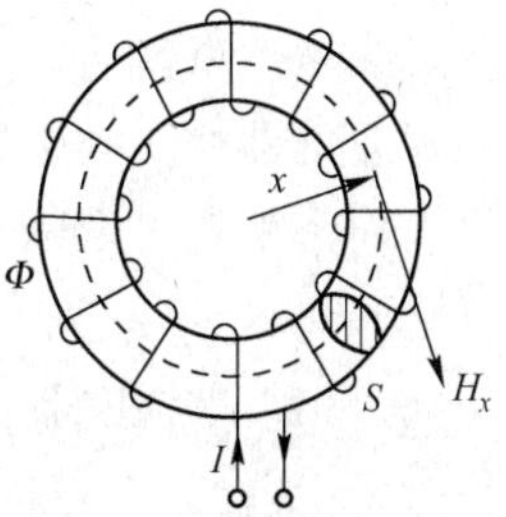

图 6-2　环形线圈

式中，N 为线圈的匝数；$l_x = 2\pi x$ 是半径为 x 的圆周长；H_x 是半径 x 处的磁场强度。

式（6-4）中，线圈匝数与电流的乘积 NI 称为磁动势，用字母 F 表示，即

$$F = NI \tag{6-5}$$

磁通就是由它产生的。它的单位是安［培］（A）。

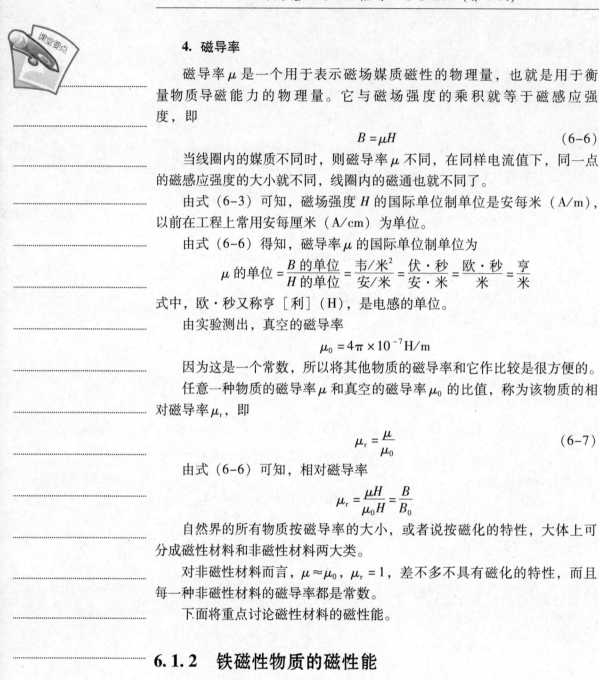

4. 磁导率

磁导率 μ 是一个用于表示磁场媒质磁性的物理量，也就是用于衡量物质导磁能力的物理量。它与磁场强度的乘积就等于磁感应强度，即

$$B = \mu H \qquad\qquad (6-6)$$

当线圈内的媒质不同时，则磁导率 μ 不同，在同样电流值下，同一点的磁感应强度的大小就不同，线圈内的磁通也就不同了。

由式（6-3）可知，磁场强度 H 的国际单位制单位是安每米（A/m），以前在工程上常用安每厘米（A/cm）为单位。

由式（6-6）得知，磁导率 μ 的国际单位制单位为

$$\mu\text{ 的单位} = \frac{B\text{ 的单位}}{H\text{ 的单位}} = \frac{\text{韦/米}^2}{\text{安/米}} = \frac{\text{伏·秒}}{\text{安·米}} = \frac{\text{欧·秒}}{\text{米}} = \frac{\text{亨}}{\text{米}}$$

式中，欧·秒又称亨［利］（H），是电感的单位。

由实验测出，真空的磁导率

$$\mu_0 = 4\pi \times 10^{-7} \text{H/m}$$

因为这是一个常数，所以将其他物质的磁导率和它作比较是很方便的。

任意一种物质的磁导率 μ 和真空的磁导率 μ_0 的比值，称为该物质的相对磁导率 μ_r，即

$$\mu_r = \frac{\mu}{\mu_0} \qquad\qquad (6-7)$$

由式（6-6）可知，相对磁导率

$$\mu_r = \frac{\mu H}{\mu_0 H} = \frac{B}{B_0}$$

自然界的所有物质按磁导率的大小，或者说按磁化的特性，大体上可分成磁性材料和非磁性材料两大类。

对非磁性材料而言，$\mu \approx \mu_0$，$\mu_r = 1$，差不多不具有磁化的特性，而且每一种非磁性材料的磁导率都是常数。

下面将重点讨论磁性材料的磁性能。

6.1.2 铁磁性物质的磁性能

1. 高导磁性

铁磁性物质的磁导率很高（μ_r 可达 $10^2 \sim 10^4$ 数量级），是工业生产中用于制造变压器、电动机、电器等各种电工设备的主要材料。在外磁场的作用下，其内部的磁感应强度大大增强，即发生了磁化。这是由于在铁磁物质内部存在着许多体积约为 10^{-9}cm^3 的磁化小区域，称为磁畴。在没有外磁场作用时，这些磁畴的排列是无序的，它们所产生的磁场的平均值等于零，或者十分微弱，对外不显示磁性，如图 6-3（a）所示。在一定强度

的外磁场作用下，这些磁畴将顺着外磁场的方向转动，作有序排列，显示出很强的磁性，形成磁化磁场，使铁磁性物质内的磁感性强度大大增强，如图 6-3（b）所示。这就是铁磁性物质在外磁场作用下所发生的磁化现象。

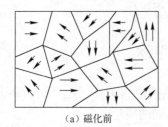
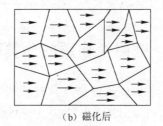

（a）磁化前　　　　　　　　（b）磁化后

图 6-3　铁磁性物质的磁化

非铁磁性物质由于没有磁畴结构，所以不具有磁化特性。

2. 磁饱和性

铁磁性物质的磁饱和性体现在因磁化所产生的磁感应强度 B 不会随外在磁场的增强而无限地增强。因为当外磁场（或励磁电流）增大到一定值

时，其内部所有的磁畴已基本上转向与外磁场一致的方向。因而，当外部磁场再增大时，其磁性不再继续增大。

将磁性材料放入磁场强度为 H 的磁场（常为线圈的励磁电流产生）内，会受到强烈的磁化，其磁化曲线（B-H 曲线）如图 6-4 所示。开始时，B 与 H 近于成正比地增加。而后，随着 H 的增加，B 的增加缓慢下来，最后趋于磁饱和。

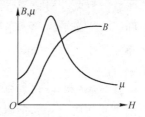

图 6-4　B 和 μ 与 H 的关系

磁性物质的磁导率 $\mu = \dfrac{B}{H}$，由于 B 与 H 不成正比，所以 μ 不是常数，随 H 而变（见图 6-4）。

由于磁通 Φ 与 B 成正比，产生磁通的励磁电流 I 与 H 成正比，因此在存在磁性物质的情况下，Φ 与 I 也不成正比。

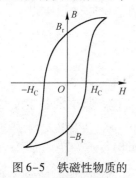

图 6-5　铁磁性物质的磁滞回线

3. 磁滞性

磁滞性表现在铁磁性物质在交变磁场中反复磁化时，磁感应强度 B 的变化滞后于磁场强度 H 的变化。由实验得到的磁滞回线如图 6-5 所示。由图可见，当 H 减小时，B 也随之减小，但当 $H = 0$ 时，B 并未回到零值，而是 $B = B_r$，B_r 称为剩磁感应强度，简称剩磁，若要使 $B = 0$（去掉剩磁），则应使铁磁

性物质反向磁化，即施加一反向的磁场强度（$-H_C$），H_C 称为矫顽磁力。图 6-5 所示的 $B=f(H)$ 的曲线表现了铁磁性物质的磁滞性，故称为磁滞回线。

磁滞性是由于分子热运动所产生的。在交变磁化过程中，其磁畴在外磁场作用下不断转向，但它的分子热运动又阻止它的转向。因此，磁畴的转向总跟不上外加磁场的变化，从而产生了磁滞现象。

6.1.3 铁磁性物质的分类和用途

由于各种铁磁性物质具有不同的磁滞回线，其剩磁及矫顽磁力各不相同，通常可以分成 3 种类型，各具有不同的用途。

1. 硬磁材料

硬磁材料的特点是，必须用较强的外加磁场才能使它磁化，但一经磁化后，能保留很大的剩磁。反映在磁滞回线上是具有较高的剩磁和较大的矫顽磁力，磁滞回线较宽。

2. 软磁材料

软磁材料比较容易磁化，当外磁场消失后，磁性大都消失。反映在磁滞回线上为剩磁和矫顽磁力均较小，磁滞回线窄而陡，包围的面积较小，磁滞损耗小，磁导率高。所以软磁材料适用于交变磁场或要求剩磁特别小的场合。

常见的软磁材料有铸铁、硅钢、坡莫合金及铁氧体等。一般用于制造电动机、变压器和各种电器的铁心，如灵敏继电器、接触器、磁放大器等。铁氧体在电子技术中应用很广泛，如计算机的磁心、磁鼓，录音设备的磁带、磁头，高频磁路中的铁心、滤波器、脉冲变压器等。

3. 铁磁材料

有的铁磁性物质具有较小的矫顽磁力和较大的剩磁，磁滞回线接近矩形，所以又常称为铁磁材料。该种材料稳定性良好且易于迅速翻转。使用较多的是镁锰铁氧体及某些铁镍合金等。

铁磁材料常用于制造计算机和控制系统中的记忆元件和逻辑元件。

6.1.4 磁路的分析方法

对磁路进行分析与计算，也要用到一些基本定律，其中最基本的是磁路的欧姆定律。

以图 6-6 为所示的磁路为例，根据安培环路定律

$$\oint H \mathrm{d}l = \sum I$$

可得

$$NI = Hl = \frac{B}{\mu}l = \frac{\Phi}{\mu S}l$$

或

$$\Phi = \frac{INS\mu}{l} = \frac{IN}{\dfrac{l}{S\mu}} = \frac{F_{\mathrm{m}}}{R_{\mathrm{m}}} \qquad (6\text{-}8)$$

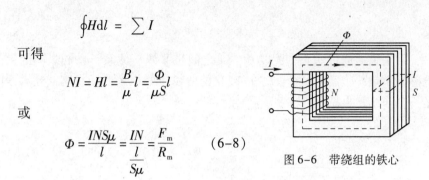

图 6-6 带绕组的铁心

式中，$R_{\mathrm{m}} = \dfrac{1}{\mu S}$ 称为磁阻，是表示磁路对磁通具有阻碍作用的物理量。

式 (6-8) 与电路中的欧姆定律 $\left(I = \dfrac{E}{R} \right)$ 相似，因而称它为磁路欧姆定律。两者相互对应，磁通 Φ 对应于电流 I，磁动势 F 对应于电动势 E，磁阻 R_{m} 对应于电阻 R。而磁阻公式 $R_{\mathrm{m}} = \dfrac{l}{S\mu}$ 又和电阻公式 $R = \dfrac{l}{S\gamma}$ 相对应，其中 μ 是磁导率，它与电导率 γ（电阻率 ρ 的倒数）相对应。

由于式 (6-8) 中的 μ 不是常数，所以该式只能用于定性分析，不能用于定量计算。计算均匀磁路可用式 (6-8)。如果磁路是由不同材料或不同长度和截面积的几段组成的，则用下式计算，

$$NI = H_1 l_1 + H_2 l_2 + \cdots = \sum (Hl) \qquad (6\text{-}9)$$

✓* 6.2 交流铁心线圈电路

铁心线圈分直流铁心线圈和交流铁心线圈两种。直流铁心线圈由直流电来励磁，交流铁心线圈由交流电来励磁。在直流铁心中，产生的磁通是恒定的，在线圈和铁心中不会感生出电动势，线圈中的电流由外加电压和线圈本身的电阻 R 决定，功率损耗也只有线圈电阻 R 上的损耗，而交流铁心线圈产生的磁通是交变的，电磁关系和功率损耗有其特殊规律。

6.2.1 电磁关系

图 6-7 所示为交流铁心线圈，线圈的匝数为 N，当在线圈两端加上正弦交流电压 u 时，就有交变励磁电流 i 流过，在交变磁动势 iN 的作用下产生交变的磁通，其大部分通过铁心而闭合，这部分磁通称为主磁通 Φ，但还有很小部分从附近空气隙中通过而闭合，这部分磁通称为漏磁通 Φ_{σ}。这两种交变的磁通都将在线圈中产生感生电动势，即主磁电动势 e 和漏磁电动势 e_{σ}。

因为漏磁通主要不经过铁心，所以励磁电流 i 与 Φ_{σ} 之间可以认为呈线性关系，铁心线圈的漏电感为

$$L_\sigma = \frac{N\Phi_\sigma}{i} = 常数$$

但主磁通通过铁心，所以 Φ 与 i 之间是非线性关系，铁心线圈的主磁电感 L 不是一个常数。Φ、L 随 i 变化的曲线如图 6-8 所示。因此铁心线圈是一个非线性电感元件。

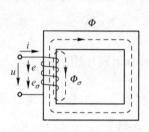

图 6-7　交流铁心线圈电路

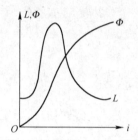

图 6-8　Φ、L 随 i 变化的关系

设线圈电阻为 R，主磁电动势 e 和漏磁电动势 e_σ 与磁通的参考方向符合右手螺旋定则（见图 6-7）。则铁心线圈交流电路中电压之间的关系由 KVL 确定为

$$u = iR - e_\sigma - e$$

或　$u = iR + (-e_\sigma) + (-e) = iR + L_\sigma \frac{\mathrm{d}i}{\mathrm{d}t} + (-e) = u_R + u_\sigma + u' \quad (6-10)$

当 u 是正弦电压时，式（6-10）中各量可视做正弦量（或用等效正弦量替代），式（6-10）可用相量表示为

$$\dot{U} = \dot{I} R + (-\dot{E}_\sigma) + (-\dot{E})$$
$$= \dot{I} R + \mathrm{j} \dot{I} X_\sigma + (-\dot{E}) = \dot{U}_R + \dot{U}_\sigma + \dot{U}' \quad (6-11)$$

式中，漏磁感生电动势 $\dot{E}_\sigma = -\mathrm{j} \dot{I} X_\sigma$，其中 $X_\sigma = \omega L_\sigma$，称为漏磁感抗。

由于主磁电感或相应的主磁感抗不是常数，所以主磁感生电动势应按下述方法计算。

设主磁通 $\Phi = \Phi_\mathrm{m} \sin\omega t$，则

$$e = -N \frac{\mathrm{d}\Phi}{\mathrm{d}t} = -N \frac{\mathrm{d}(\Phi_\mathrm{m}\sin\omega t)}{\mathrm{d}t} = -N\omega\Phi_\mathrm{m}\cos\omega t \quad (6-12)$$
$$= 2\pi f N\Phi_\mathrm{m} \sin(\omega t - 90°) = E_\mathrm{m}\sin(\omega t - 90°)$$

式中，$E_\mathrm{m} = 2\pi f N\Phi_\mathrm{m}$ 是主磁电动势 e 的最大值，而其有效值则为

$$E = \frac{E_\mathrm{m}}{\sqrt{2}} = \frac{2\pi f N\Phi_\mathrm{m}}{\sqrt{2}} \approx 4.44 f N\Phi_\mathrm{m} \quad (6-13)$$

由上述分析可知，电源电压 u 可分为 3 个分量：$u_R = iR$ 是线圈电阻上的电压降；$u_\sigma = -e_\sigma$，是平衡漏磁电动势的电压分量；$u' = -e$，是与主磁电动势相平衡的电压分量。因为根据楞次定律，感生电动势具有阻碍电流变化的物理性质，所以电源电压必须有一部分来平衡它们。

通常由于线圈的电阻 R 和感抗 X_σ 较小，其电压降也较小，可忽略不

计，则

$$\dot{U} \approx -\dot{E}$$

$$U \approx E = 4.44fN\Phi_m \qquad (6-14)$$

式中，Φ_m 是铁心中磁通的最大值，单位是韦伯（Wb）；f 的单位是赫兹（Hz）；U 的单位是伏特（V）。

6.2.2 功率损耗

在交流铁心线圈电路中，除了在线圈电阻上有功率损耗外，铁心中也会有功率损耗。线圈上损耗的功率 I^2R 称为铜损，用 ΔP_{Cu} 表示；铁心中损耗的功率称为铁损，用 ΔP_{Fe} 表示。铁损包括磁滞损耗和涡流损耗两部分。

1. 磁滞损耗 ΔP_h

铁磁物质交变磁化的磁滞现象所产生的铁损称为磁滞损耗，用 ΔP_h 表示。它是由于铁磁物质内部磁畴反复转向，磁畴间相互摩擦引起铁心发热而造成的损耗。铁心单位体积内每周期产生的磁滞损耗与磁滞回线所包围的面积成正比。为了减小磁滞损耗，交流铁心均由软磁材料制成。

2. 涡流损耗 ΔP_e

铁磁物质不仅有导磁能力，同时也有导电能力，因而在交变磁通的作用下，铁心内将产生感生电动势和感生电流，感生电流在垂直于磁通的铁心平面内围绕磁力线呈旋涡状，如图6-9所示，故称为涡流。涡流使铁心发热，其功率损耗称为涡流损耗，用 ΔP_e 表示。

为了减小涡流，降低涡流损耗，可采用硅钢片在顺磁场方向叠成的铁心，它不仅有较高的磁导率，还有较大的电阻率，可使铁心的电阻增大，涡流减小，同时硅钢片的两面涂有绝缘漆，使各片之间相互绝缘，可把涡流限制在较小的截面内流动，从而减小涡流，降低涡流损耗。

涡流虽有有害的一面，但也有有利的一面。例如，利用涡流的热效应来冶炼金属，利用涡流和磁场相互作用而产生电磁力的原理来制造感应式仪器、滑差电动机及涡流测矩器等。所以在工程应用中，对涡

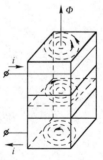

图6-9 铁心中的涡流

流有害的一面应尽可能地加以限制，而对其有利的一面则应充分加以利用。

综上所述，交流铁心线圈电路的功率损耗为

$$\Delta P = \Delta P_{Cu} + \Delta P_{Fe} = \Delta P_{Cu} + \Delta P_h + \Delta P_e \qquad (6-15)$$

铁心线圈交流电路的有功功率为

$$P = UI\cos\varphi = I^2R + \Delta P_{Fe} \qquad (6-16)$$

6.2.3 交流铁心线圈的等效电路

对交流铁心线圈可用等效电路进行分析，即用一个不含铁心的交流电路来等效代替它。等效的条件是，在同样电压作用下，功率、电流及各量之间的相位关系保持不变。

对铁心线圈首先将线圈的电阻 R 和漏磁感抗 X_σ 划出，则剩下的就成为一个没有电阻和漏磁通的理想铁心线圈电路。但铁心中仍有能量损耗和能量的储放。因此可将该理想铁心线圈交流电路用具有电阻 R_0 和感抗 X_0 的一段电路来等效代替。其中电阻 R_0 是和铁心中铁损相对应的等效电阻，其值为 $R_0 = \dfrac{\Delta P_{Fe}}{I^2}$，感抗 X_0 是和铁心中能量储放（与电源发生能量互换）相应的

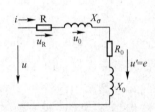

等效感抗，其值为 $X_0 = \dfrac{Q_{Fe}}{I^2}$。式中，$Q_{Fe}$ 是表示铁心储放能量的无功功率。此段等效电路的阻抗为

$$|Z_0| = \sqrt{R_0^2 + X_0^2} = \dfrac{U'}{I} \approx \dfrac{U}{I}$$

图 6-10 交流铁心
线圈等效电路

图 6-10 即为交流铁心线圈（图6-7）的等效电路。

【例 6-1】 有一交流铁心线圈，电源电压 $U = 220\text{V}$，电路中电流 $I = 4\text{A}$，瓦特计读数 $P = 100\text{W}$，频率 $f = 50\text{Hz}$，漏磁通和线圈电阻上的电压降可忽略不计，试求：（1）铁心线圈的功率因数；（2）铁心线圈的等效电阻和感抗。

解 （1）因为 $P = UI\cos\varphi$

所以 $$\cos\varphi = \dfrac{P}{UI} = \dfrac{100}{220 \times 4} \approx 0.114$$

（2）铁心线圈的等效阻抗为

$$|Z'| = \dfrac{U}{I} = \dfrac{220}{4} = 55(\Omega)$$

等效电阻和等效感抗分别为

$$R' = R + R_0 = \dfrac{P}{I^2} = \dfrac{100}{4^2} = 6.25\Omega \approx R_0$$

$$X' = X'_\sigma + X_0 = \sqrt{|Z'|^2 - R'^2} = \sqrt{55^2 - 6.25^2} \approx 54.6\Omega \approx X_0$$

6.3 变压器

变压器是一种常见的电气设备，在电力系统和电子线路中应用广泛。

6.3.1　变压器的工作原理

变压器的一般结构如图 6-11 所示，它由闭合铁心和高压绕组、低压绕组等几个主要部分构成。

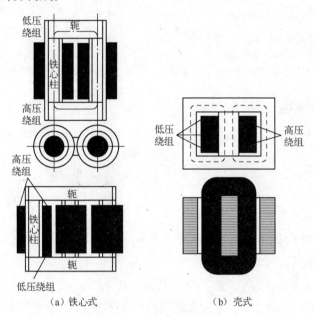

（a）铁心式　　　　　　　（b）壳式

图 6-11　变压器的构造

图 6-12 所示为变压器的原理图。为了便于分析，将高压绕组和低压绕组分别绘制在两边。与电源相连的称为一次绕组（或称初级绕组、原绕组），与负载相连的称为二次绕组（或称次级绕组、副绕组）。一次、二次绕组的匝数分别为 N_1 和 N_2。

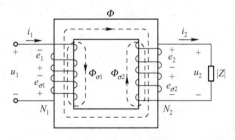

图 6-12　变压器的原理图

当一次绕组接上交流电压 u_1 时，一次绕组中便有电流 i_1 通过。原绕组的磁通势 $N_1 i_1$ 产生的磁通绝大部分通过铁心而闭合，从而在二次绕组中感应出电动势。如果二次绕组接有负载，那么二次绕组中就有电流 i_2 通过。二次绕组的磁通势 $N_2 i_2$ 也产生磁通，其绝大部分也通过铁心而闭合。因此，铁心中的磁通是一个由一次、二次绕组的磁通势共同产生的合成磁通，它称为主磁通，用 Φ 表示。主磁通穿过一次绕组和二次绕组而在其中感应出的电动势分别为 e_1 和 e_2。此外，一次、二次绕组的磁通势还分别产生漏磁通 $\Phi_{\sigma1}$ 和 $\Phi_{\sigma2}$（仅与本绕组相连），从而在各自的绕组中分别产生漏磁电动势 $e_{\sigma1}$ 和 $e_{\sigma2}$。

上述的电磁关系可表示为

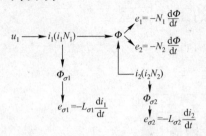

下面分别讨论变压器的电压变换、电流变换及阻抗变换。

1. 电压变换

根据 KVL 对一次绕组电路可列出与式（6-10）相同的电压方程，即

$$u_1 + e_1 + e_{\sigma 1} = R_1 i_1$$

或

$$u_1 = R_1 i_1 + (-e_1) + (-e_{\sigma 1}) = R_1 i_1 + (-e_1) + L_{\sigma 1}\frac{di_1}{dt} \qquad (6-17)$$

通常一次绕组上所加的是正弦电压 u_1。在正弦电压作用的情况下，式（6-17）可用相量表示为

$$\dot{U}_1 = R_1 \dot{I}_1 + (-\dot{E}_1) + (-\dot{E}_{\sigma 1}) = R_1 \dot{I}_1 + (-\dot{E}_1) + jX_1 \dot{I}_1 \qquad (6-18)$$

式中，R_1 和 $X_1 = \omega L_{\sigma 1}$ 分别为一次绕组的电阻和感抗（漏磁感抗，由漏磁通产生）。

由于一次绕组的电阻 R_1 和感抗 X_1（或漏磁通久）较小，因而它们两端的电压降也较小，与主磁电动势 E_1 比较起来，可以忽略不计。于是

$$\dot{U}_1 \approx -\dot{E}_1$$

根据式（6-13），e_1 的有效值为

$$E_1 = 4.44 f N_1 \Phi_m \approx U_1 \qquad (6-19)$$

同理，对二次绕组电路可列出

$$e_2 + e_{\sigma 2} = R_2 i_2 + u_2$$

或

$$e_2 = R_2 i_2 + (-e_{\sigma 2}) + u_2 = R_2 i_2 + L_{\sigma 2}\frac{di_2}{dt} + u_2 \qquad (6-20)$$

若用相量表示，则为

$$\dot{E}_2 = R_2 \dot{I}_2 + (-\dot{E}_{\sigma 2}) + \dot{U}_2 = R_2 \dot{I}_2 + jX_2 \dot{I}_2 + \dot{U}_2 \qquad (6-21)$$

式中，R_2 和 $X_2 = \omega L_{\sigma 2}$ 分别为二次绕组的电阻和感抗；U_2 为二次绕组的端电压。

感应电动势 e_2 的有效值为

$$E_2 = 4.44 f N_2 \Phi_m \qquad (6-22)$$

在变压器空载时

$$I_2 = 0, E_2 = U_{20}$$

式中，U_{20} 是空载时二次绕组的端电压。

从式（6-19）和式（6-22）可见，由于一次、二次绕组的匝数 N_1 和 N_2 不相等，故 E_1 和 E_2 的大小是不等的，因而输入电压 U_1（电源电压）和输出电压 U_2（负载电压）的大小也是不等的。

一次、二次绕组的电压之比为

$$\frac{U_1}{U_{20}} \approx \frac{E_1}{E_2} = \frac{N_1}{N_2} = K \tag{6-23}$$

式中，K 称为变压器的变比，即一次、二次绕组的匝数比。可见，当电源电压 U_1 一定时，只要改变匝数比，就可得出不同的输出电压 U_2。

变比在变压器的铭牌上注明，通常表示一次、二次绕组的额定电压之比，如"6000/400V"（$K = 15$）表示一次绕组的额定电压（即一次绕组上应加的电源电压）$U_{1N} = 6000V$，二次绕组的额定电压 $U_{2N} = 400V$。所谓二次绕组的额定电压是指一次绕组加上额定电压时二次绕组的空载电压。由于变压器有内阻抗压降，所以二次绕组的空载电压一般应较满载时的电压高 $5\% \sim 10\%$。

要变换三相电压可采用三相变压器，如图 6-13 所示。图中，各相高压绕组的始端和末端分别用 A，B，C 和 X，Y，Z 表示，低压绕组则用 a，b，c 和 x，y，z 表示。

图 6-13 所示的是三相变压器联结的两个例子，并表示出了电压的变换关系。

图 6-13 三相变压器

Y－Y_0 联结的三相变压器是供动力负载和照明负载共用的，低压一般是 400V，高压不超过 35kV；Y－△ 联结的变压器，低压一般是 10kV，高压不超过 60kV。

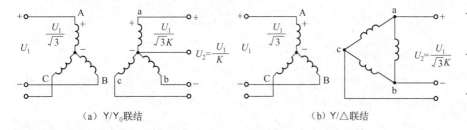

（a）Y/Y_0联结　　　　　　　　　　（b）Y/△联结

图 6-14 三相变压器的联结法举例

高压侧联结成星形，相电压只有线电压的 $1/\sqrt{3}$，可以降低每相绕组的绝缘要求；低压侧联结成三角形，相电流只有线电流的 $1/\sqrt{3}$，可以减小每相绕组的导线截面积。

SL_7 - 500/10 是三相变压器型号的一例，其中 S——三相，L——铝线，7——设计序号，500——500kV·A，10——高压侧电压 10kV。

2. 电流变换

由 $U_1 \approx E_1 = 4.44fN_1\Phi_m$ 可知，当电源电压 U_1 和频率 f 不变时，E_1 和 Φ_m

也都近似为常数。就是说，铁心中主磁通的最大值在变压器空载或有负载时是差不多恒定的。因此，有负载时产生主磁通的一次、二次绕组的合成磁通势（$N_1 i_1 + N_2 i_2$）应该和空载时产生主磁通的一次绕组的磁通势 $N_1 i_0$ 差不多相等，即

$$N_1 i_1 + N_2 i_2 \approx N_1 i_0$$

若用相量表示，则为

$$N_1 \dot{I}_1 + N_2 \dot{I}_2 = N_1 \dot{I}_0 \tag{6-24}$$

变压器的空载电流 i_0 是励磁用的。由于铁心的磁导率高，空载电流是很小的。它的有效值 I_0 在一次绕组额定电流 I_{1N} 的 10% 以内。因此 $N_1 I_0$ 与 $N_1 I_1$ 相比，常可忽略。于是式（6-24）可写成

$$N_1 \dot{I}_1 \approx -N_2 \dot{I}_2 \tag{6-25}$$

由式（6-25）可知，一次、二次绕组的电流关系为

$$\frac{I_1}{I_2} \approx \frac{N_2}{N_1} = \frac{1}{K} \tag{6-26}$$

式（6-26）表明变压器一次、二次绕组的电流之比近似等于它们的匝数比的倒数。可见，变压器中的电流虽然由负载的大小确定，但是一次、二次绕组中电流的比值是差不多不变的；因为当负载增加时，I_2 和 $N_2 I_2$ 随着增大，而 I_1 和 $N_1 I_1$ 也必须相应增大，以抵偿二次绕组的电流和磁通势对主磁通的影响，从而维持主磁通的最大值近似不变。

变压器的额定电流 I_{1N} 和 I_{2N} 是指按规定工作方式（长时连续工作、短时工作或间歇工作）运行时一次、二次绕组允许通过的最大电流，它们是根据绝缘材料允许的温度确定的。

二次绕组的额定电压与额定电流的乘积称为变压器的额定容量，即

$$S_N = U_{2N} I_{2N} \approx U_{1N} I_{1N}（单相）$$

它是视在功率（单位是 V·A），与输出功率（单位是 W）不同。

3. 阻抗变换

变压器除了能起变换电压和变换电流的作用外，它还有变换负载阻抗的作用，以实现"匹配"。

如图 6-15（a）所示，负载阻抗模 $|Z|$ 接在变压器二次侧，而图中的虚线框部分可以用一个阻抗模 $|Z'|$ 来等效代替。所谓等效，就是输入电路的电压、电流和功率不变。也就是说，直接接在电源上的阻抗模 $|Z'|$ 和接在变压器二次侧的负载阻抗模 $|Z|$ 是等效的。二者之间的关系可通过下面计算得出。

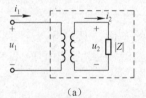
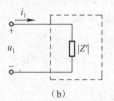

（a）　　　　　　　　　（b）

图 6-15　负载阻抗的等效变换

根据式（6-23）和式（6-26）可得

$$\frac{U_1}{I_1} = \frac{\frac{N_1}{N_2}U_2}{\frac{N_2}{N_1}I_2} = \left(\frac{N_1}{N_2}\right)^2 \frac{U_2}{I_2}$$

由图 6-15 可知

$$\frac{U_1}{I_1} = |Z'|, \quad \frac{U_2}{I_2} = |Z|$$

代入则得

$$|Z'| = \left(\frac{N_1}{N_2}\right)^2 |Z| \tag{6-27}$$

匝数比不同，负载阻抗模 $|Z|$ 折算到一次侧的等效阻抗模 $|Z'|$ 也不同。可以采用不同的匝数比，把负载阻抗模变换为所需要的、比较合适的数值。这种做法通常称为阻抗匹配。

【**例 6-2**】　在图 6-16 中，交流信号源的电动势 $E = 120V$，内阻 $R_0 = 800\Omega$，负载电阻 $R_L = 8\Omega$。（1）当 R_L 折算到一次侧的等效电阻 $R'_L = R_0$ 时，求变压器的匝数比和信号源输出的功率；（2）当将负载直接与信号源联结时，信号源输出多大功率？

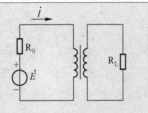

图 6-16　例 6-2 的图

解　（1）变压器的匝数比应为

$$\frac{N_1}{N_2} = \sqrt{\frac{R'_L}{R_L}} = \sqrt{\frac{800}{8}} = 10$$

信号源的输出功率为

$$P = \left(\frac{E}{R_0 + R'_L}\right)^2 = \left(\frac{120}{800 + 800}\right)^2 \times 800 = 4.5(W)$$

（2）当将负载直接接在信号源上时，

$$P = \left(\frac{120}{800 + 8}\right)^2 \times 8 = 0.176(W)$$

6.3.2　变压器的外特性

由式（6-18）和式（6-21）可以看出，当电源电压 U_1 不变时，随着二次绕组电流 I_2 的增加（负载增加），一次、二次绕组阻抗上的电压降便增加，这将使二次绕组的端电压 U_2 发生变动。当电源电压 U_1 和负载功率因数 $\cos\varphi_2$ 为常数时，U_2 和 I_2 的变化关系可用所谓外特性曲线 $U_2 = f(I_2)$ 来表示，如图 6-17

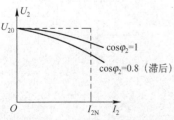

图 6-17　变压器的外特性曲线

所示。对电阻性和电感性负载而言，电压 U_2 随电流 I_2 的增加而下降。

通常希望电压 U_2 的变动越小越好。从空载到额定负载，二次绕组电压的变化程度用电压变化率 ΔU 表示，即

$$\Delta U = \frac{U_{20} - U_2}{U_{20}} \times 100\% \qquad (6-28)$$

在一般变压器中，由于其电阻和漏磁感抗均很小，电压变化率是不大的，约为 5%。

6.3.3 变压器的损耗与效率

和交流铁心线圈一样，变压器的功率损耗包括铁心中的铁损 ΔP_{Fe} 和绕组上的铜损 ΔP_{Cu} 两部分。铁损的大小与铁心内磁感应强度的最大值 B_m 有关，与负载大小无关，而铜损则与负载大小（正比于电流平方）有关。

变压器的效率常用下式确定

$$\eta = \frac{P_2}{P_1} \times 100\% = \frac{P_2}{P_2 + \Delta P_{Fe} + \Delta P_{Cu}} \times 100\%$$

式中，P_2 为变压器的输出功率；P_1 为输入功率。

变压器的功率损耗很小，所以效率很高，通常在 95% 以上。在一般电力变压器中，当负载为额定负载的 50% ～ 75% 时，效率达到最大值。

6.3.4 特殊变压器

下面简单介绍两种特殊用途的变压器。

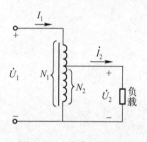

图 6-18 自耦变压器

1. 自耦变压器

图 6-18 所示的是一种自耦变压器，其结构特点是二次绕组是一次绕组的一部分。至于一次、二次绕组电压之比和电流之比也是

$$\frac{U_1}{U_2} = \frac{N_1}{N_2} = K, \frac{I_1}{I_2} = \frac{N_2}{N_1} = \frac{1}{K}$$

实验室中常用的调压器就是一种可改变二次绕组匝数的自耦变压器，其外形和电路如图 6-19 所示。

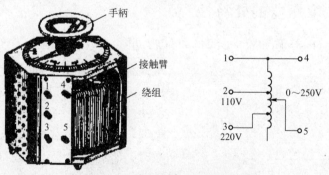

图 6-19 调压器的外形和电路

2. 电流互感器

电流互感器是根据变压器的原理制成的。它主要用于扩大测量交流电流的量程。因为要测量交流电路的大电流时（如测量容量较大的电动机、工频炉、焊机等的电流时），通常电流表的量程是不够的。

此外，使用电流互感器也是为了使测量仪表与高压电路隔离开，以保证人身与设备的安全。

电流互感器的接线图及其符号如图 6-20 所示。一次绕组的匝数很少（只有一匝或数匝），它串联在被测电路中。二次绕组的匝数较多，它与电流表或其他仪表及继电器的电流线圈相联结。

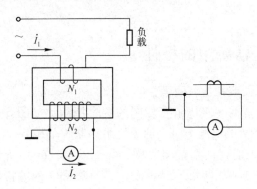

图 6-20　电流互感器的接线图及其符号

根据变压器原理，可认为

$$\frac{I_1}{I_2} = \frac{N_2}{N_1} = K_i$$

或

$$I_1 = \frac{N_2}{N_1}I_2 = K_i I_2 \tag{6-29}$$

式中，K_i 是电流互感器的变换系数。

由式（6-29）可见，利用电流互感器可将大电流变换为小电流。电流表的读数 I_2 乘上变换系数 K_i 即为被测的大电流 I_1（在电流表的刻度上可直接标出被测电流值）。通常电流互感器二次绕组的额定电流都规定为 5A 或 1A。

测流钳是电流互感器的一种变形。它的铁心如同一钳，用弹簧压紧。测量时将钳压开而引入被测导线。这时该导线就是一次绕组，二次绕组绕在铁心上并与电流表接通。利用测流钳可以随时随地测量线路中的电流，不必像普通电流互感器那样必须固定在一处或在测量时要断开电路而将一次绕组串接进去。测流钳的原理图如图 6-21 所示。

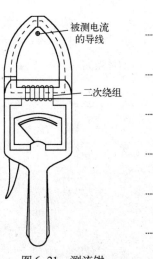

图 6-21　测流钳

在使用电流互感器时，二次绕组电路是不允许断开的。这一点和普通变压器不一样。因为它的一次绕组是与负载串联的，其中，电流 I_1 的大小决定于负载的大小，不是决定于二次绕组电流 I_2。所以当二次绕组电路断开时（如在拆下仪表时未将二次绕组短接），二次绕组的电流和磁通势立即消失，但是一次绕组的电流 I_1 未变。这时铁心内的磁通全由一次绕组的磁通势 N_1I_1 产生，结果造成铁心内很大的磁通（因为这时二次绕组的磁通势为零，不能对一次绕组的磁通势起去磁作用了）。这一方面使铁损大大增加，从而使铁心发热到不能允许的程度；另一方面又使二次绕组的感应电动势增高到危险的程度。

此外，为了使用安全起见，电流互感器的铁心及二次绕组的一端应该接地。

6.3.5　变压器绕组的极性

在使用变压器或其他有磁耦合的互感线圈时，要注意线圈的正确联结。例如，一台变压器的一次绕组有相同的两个绕组，如图 6-22 中的 1-2 和 3-4。当接到 220V 的电源上时，两个绕组串联，如图 6-22（b）所示；接到 110V 的电源上时，两个绕组并联，如图 6-22（c）所示。如果联结错误，如串联时将 2 和 4 两端联结在一起，将 1 和 3 两端接电源，这样两个绕组的磁通势就互相抵消，铁心中不产生磁通，绕组中也就没有感应电动势，绕组中将流过很大的电流，把变压器烧毁。

为了正确联结，通常在线圈上标以记号"●"。标有"●"号的两端称为同极性端，图 6-22 中的 1 和 3 是同极性端，当然 2 和 4 也是同极性端。当电流从两个线圈的同极性端流入（或流出）时，产生的磁通的方向相同；或者当磁通变化（增大或减小）时，在同极性端感应电动势的极性也相同。在图 6-22 中，绕组中的电流正在增大，可看出感应电动势 e 的极性（或方向）。

如果将其中一个线圈反绕，如图 6-23 所示，则 1 和 4 两端应为同极性端。串联时应将 2 和 4 两端联结在一起。可见，哪两端是同极性端，还与线圈绕向有关。只要知道线圈绕向，同极性端就不难定出。

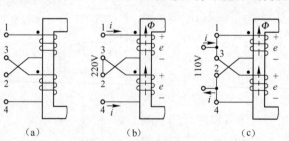

图 6-22　变压器一次绕组的正确联结　　　　图 6-23　线圈反绕

✓* 6.4　电磁铁

　　电磁铁是利用通电线圈铁心吸引衔铁而工作的一种电器，常用于操纵、牵引机械装置以完成预期的动作，或者用于钢铁零件的吸持固定、铁磁物件的起重搬运等。同时电磁铁又是构成各种电磁型开关、电磁阀门和继电器的基本部件。

　　电磁铁由线圈、铁心和衔铁 3 部分构成。它们的结构形式通常如图 6-24 所示。工作时，线圈通入励磁电流，在铁心中产生磁场，衔铁被吸引；断电时磁场消失，衔铁被释放。

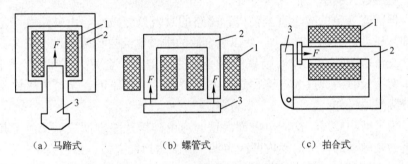

| （a）马蹄式 | （b）螺管式 | （c）拍合式 |

图 6-24　电磁铁的 3 种结构形式

　　电磁铁线圈通电后，铁心吸引衔铁的力，称为电磁吸力。其大小与气隙的截面积 S_0 及气隙中磁通 Φ_0 有关。根据能量的转换原理，可推导出计算吸力的公式为

$$F = \frac{10^7}{8\pi} \cdot \frac{\Phi_0^2}{S_0} \qquad (6-30)$$

式中，Φ_0 的单位是 Wb；S_0 的单位是 m^2；F 的单位是 N。

　　电磁铁按其励磁电流种类的不同可分为直流电磁铁和交流电磁铁两种。

　　直流电磁铁的励磁电流是恒定不变的，其大小只决定于线圈上所加的直流电压 U 和线圈电阻 R 的大小，即 $I = U/R$，所以磁动势 IN 也是恒定的。但是随着衔铁的吸合，空气隙要变小，吸合后空气隙将消失，磁路的电阻要显著减小，因而磁通 Φ_0 要增大。由式（6-30）可知，吸合后的电磁力要比吸合前大得多。

　　交流电磁铁的励磁电流是交变的，它所产生的磁场也是交变的，因而电磁吸力的大小也随时间而变化。

　　设电磁铁空气隙处的磁通为

$$\Phi_0 = \Phi_m \sin\omega t$$

则吸力为

$$f = \frac{10^7}{8\pi} \cdot \frac{\Phi_m^2}{S_0} \cdot \sin^2\omega t = \frac{10^7}{8\pi} \cdot \frac{\Phi_m^2}{S_0}\left(\frac{1 - \cos2\omega t}{2}\right) \qquad (6-31)$$

$$= \frac{1}{2}F_m - \frac{1}{2}F_m \cdot \cos2\omega t$$

式中，$F_m = \frac{10^7}{8\pi} \cdot \frac{\Phi_m^2}{S_0}$ 为电磁吸力的最大值。

由式（6-31）可知，交流电磁铁的电磁吸力在零与最大值 F_m 之间脉动，如图6-25所示，其平均值为

$$F = \frac{1}{T}\int_0^T f\mathrm{d}t = \frac{1}{2}F_m = \frac{10^7}{16\pi}\frac{\Phi_m^2}{S_0}$$

式中，Φ_m 为磁通的最大值。在外加电源电压一定的条件下，交流磁路中磁通的最大值基本不变，且 $\Phi_m \approx \dfrac{U}{4.44fN}$。因此交流电磁铁在吸合衔铁过程中，电磁吸力的平均值基本不变。

但随着气隙的减小直至消失，磁路的磁阻显著减小。由磁路欧姆定律可知，磁动势 IN 必定减小，所以吸合后的励磁电流要比吸合前小得多。因此，交流电磁铁在工作时衔铁和铁心之间一定要吸合好，若留有空气隙，线圈会因长时间通过大电流而过热甚至烧毁。同样原因，交流电磁铁不宜过分频繁地操作。

为了减小铁损，交流电磁铁的铁心应由硅钢片叠制而成。又由于其电磁吸力是脉动的，每周期内两次为零，两次达到最大值，会引起衔铁振动。如图6-26所示，磁极的磁通被分为穿过短路铜环的 Φ_1 和不穿过短路铜环的 Φ_2 两部分，交变磁通 Φ_1 使短路铜环内产生感生电动势和感生电流，它将阻碍 Φ_1 的变化，于是在 Φ_1 和 Φ_2 之间便有一个相位差存在，使这两部分磁通及电磁吸力不会同时为零，也不会同时到达最大值，这样就减弱了衔铁的振动，降低了噪声。

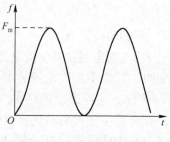

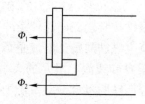

图6-25 脉动的电磁吸力　　　　图6-26 分磁环

在直流电磁铁中，为了减小铁损，铁心应用整块软钢制成。另外，其励磁电流仅与线圈电阻有关，不因气隙的大小而变。

【例6-3】 有一个电磁铁如图6-27所示，铁心2和铁心3均用铸钢制成，且截面积 S_c 均为 $3\mathrm{cm}^2$。二者总平均长度 $l_c = 150\mathrm{cm}$，空气隙长度 $l_0 = 0.2\mathrm{cm}$。两个铁心柱上各绕有1200匝线圈，串联后接到直流电源上。若要产生300N的总电磁吸力，试求此时通入线圈的电流 I 及吸合后电磁吸力的大小（忽略气隙边缘效应）。

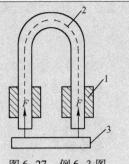

解 (1) $\because F_{总} = \dfrac{10^7}{8\pi} \cdot \dfrac{\Phi_0^2}{S_0}$

$$\Phi_0 = B_0 S_0$$

$$S_0 = 2S_c = 2 \times 3 = 6\text{cm}^2 = 6 \times 10^{-4}\text{m}^2(气隙截面积)$$

$$\therefore B_0 = \sqrt{\dfrac{8\pi F_{总}}{10^7 S_0}} = \sqrt{\dfrac{8\pi \times 300}{10^7 \times 6 \times 10^{-4}}} \approx 1.12\text{T}$$

图 6-27 例 6-3 图

忽略了气隙边缘效应，可以认为铁心及衔铁的磁感应强度相等。

即 $\qquad B_c = B_0 = 1.12\text{T}$

查铸钢磁化曲线，得 $\qquad H_c = 750\text{A/m}$

$$H_0 = \dfrac{B_0}{\mu_0} = \dfrac{1.12}{4\pi \times 10^{-7}} = 8.9 \times 10^5\text{A/m}$$

由

$$H_c l_c + 2H_0 l_0 = \sum(I \cdot N)$$

$$I = \dfrac{H_c \cdot l_c + 2H_0 \cdot l_0}{\sum N}$$

$$= \dfrac{750 \times 150 \times 10^{-2} + 2 \times 8.9 \times 10^5 \times 0.2 \times 10^{-2}}{2 \times 1200} = 1.95\text{A}$$

（线圈串联后，I 为常数）

（2）因直流电磁铁的线圈电流不随磁路变化，故吸合后的线圈电流仍为 1.95A。而吸合后 $l_0 = 0$，则

$$H_c = \dfrac{\sum(IN)}{l_c} = \dfrac{1.95 \times 1200 \times 2}{150 \times 10^{-2}} = 3.12 \times 10^3(\text{A/m})$$

查铸钢磁化曲线，得 $B_c = 1.43\text{T}$。

因此 $\qquad \Phi_0' = B_c \cdot S_c = 1.43 \times 6 \times 10^{-4} = 8.58 \times 10^{-4}(\text{Wb})$

电磁吸力为 $\qquad F_{总}' = \dfrac{10^7}{8\pi} \cdot \dfrac{\Phi_0'^2}{S_0} = \dfrac{10^7 \times 8.58^2 \times 10^{-8}}{8\pi \times 6 \times 10^{-4}} = 488.4(\text{N})$

由此看出：直流电磁铁衔铁吸合后的电磁吸力较未吸合时大得多。

小结

1. 磁场的基本物理量。

（1）**磁感应强度 B**：表示磁场内某点的磁场强弱和方向的物理量。它是一个矢量。它与电流（电流产生磁场）之间的方向关系可用右手螺旋定则来判断，其大小可用 $B = \dfrac{F}{lI}$ 来衡量。

（2）**磁通**：磁感应强度 B（如果不是均匀磁场，则取 B 的平均值）与

垂直于磁场方向的面积 S 的乘积，称为通过该面积的磁通 Φ，即

$$\Phi = BS \text{ 或 } B = \frac{\Phi}{S}$$

（3）磁场强度 H：计算磁场时所引用的一个物理量，也是矢量，通过它来确定磁场与电流之间的关系，即

$$\oint H \mathrm{d}l = \sum I$$

磁动势 F：线圈匝数与电流的乘积 NI，即 $F = NI$。

（4）磁导率 μ：一个用于表示磁场媒质磁性的物理量，也就是用于衡量物质导磁能力的物理量。它与磁场强度的乘积就等于磁感应强度，即

$$B = \mu H$$

真空的磁导率：$\mu_0 = 4\pi \times 10^{-7} \mathrm{H/m}$

相对磁导率 μ_r：任意一种物质的磁导率 μ 和真空的磁导率 μ_0 的比值，即

$$\mu_r = \frac{\mu}{\mu_0}$$

2. 铁磁性物质的磁性能。

（1）高导磁性：铁磁性物质的磁导率很高（μ_r 可达 $10^2 \sim 10^4$ 数量级），是工业生产中用于制造变压器、电动机、电器等各种电工设备的主要材料。

磁畴：在铁磁物质内部存在着的许多体积约为 $10^{-9} \mathrm{cm}^3$ 的磁化小区域。

（2）磁饱和性：铁磁性物质的磁饱和性体现在因磁化所产生的磁感应强度 B 不会随外在磁场的增强而无限地增强。

（3）磁滞性：表现在铁磁性物质在交变磁场中反复磁化时，磁感应强度 B 的变化滞后于磁场强度 H 的变化。

3. 磁路欧姆定律

$$\Phi = \frac{INS\mu}{l} = \frac{IN}{\dfrac{l}{S\mu}} = \frac{F_m}{R_m}$$

式中，$R_m = \dfrac{l}{\mu S}$ 称为磁阻，是表示磁路对磁通具有阻碍作用的物理量。

它是磁路的分析方法中的基本定律。

4. 交流铁心线圈电路

电磁关系：铁心线圈交流电路电压之间的关系由 KVL 确定为

$$u = iR + (-e_\sigma) + (-e) = iR + L_\sigma \frac{\mathrm{d}i}{\mathrm{d}t} + (-e) = u_R + u_\sigma + u'$$

功率损耗：在交流铁心线圈电路中，线圈上损耗的功率 I^2R 称为铜损，用 ΔP_{Cu} 表示；铁心中损耗的功率称为铁损，用 ΔP_{Fe} 表示。铁损包括磁滞损耗和涡流损耗两部分。

5. 变压器

（1）电压变换：$\dfrac{U_1}{U_2} \approx \dfrac{E_1}{E_2} = \dfrac{N_1}{N_2} = K$

（2）电流变换：$\dfrac{I_1}{I_2} \approx \dfrac{N_2}{N_1} = \dfrac{1}{K}$

（3）阻抗变换：$|Z'| = \left(\dfrac{N_1}{N_2}\right)^2 |Z|$

（4）变压器的外特性：当电源电压 U_1 不变时，随着二次绕组电流 I_2 的增加（负载增加），一次、二次绕组阻抗上的电压降便增加，这将使二次绕组的端电压 U_2 发生变动。当电源电压 U_1 和负载功率因数 $\cos\varphi_2$ 为常数时，U_2 和 I_2 的变化关系可用所谓外特性曲线 $U_2 = f(I_2)$ 来表示。

（5）变压器的损耗与效率：变压器的功率损耗包括铁心中的铁损 ΔP_{Fe} 和绕组上的铜损 ΔP_{Cu} 两部分。

变压器的效率：

$$\eta = \dfrac{P_2}{P_1} \times 100\% = \dfrac{P_2}{P_2 + \Delta P_{Fe} + \Delta P_{Cu}} \times 100\%$$

式中，P_2 为变压器的输出功率；P_1 为输入功率。

（6）变压器绕组的极性。在使用变压器或其他有磁耦合的互感线圈时，要注意线圈的正确联结。

6. 电磁铁

（1）电磁铁由线圈、铁心和衔铁 3 部分构成。

（2）电磁铁按其励磁电流种类的不同可分为直流电磁铁和交流电磁铁两种。

练习题 6

1. 有一个线圈，其匝数 $N = 1000$，绕在由铸钢制成的闭合铁心上，铁心的截面积 $S_{Fe} = 20\text{cm}^2$，铁心的平均长度 $l_{Fe} = 50\text{cm}$。若要在铁心中产生磁通 $\Phi = 0.002\text{Wb}$，试问线圈中应通入多大的直流电流？

2. 在习题 1 中，若将线圈中的电流调到 2.5A，试求铁心中的磁通。

3. 为了求出铁心线圈的铁损，先将它接在直流电源上，从而测得线圈的电阻为 1.75Ω，然后接在交流电源上，测得电压 $U = 120\text{V}$，功率 $P = 70\text{W}$，电流 $I = 2\text{A}$，试求铁损和线圈的功率因数。

4. 有一个交流铁心线圈，接在 $f = 50\text{Hz}$ 的正弦电源上，在铁心中得到磁通的最大值为 $\Phi_m = 2.25 \times 10^{-3}\text{Wb}$。现在在此铁心上再绕一个线圈，其匝数为 200。当此线圈开路时，求其两端电压。

5. 将一铁心线圈接于电压 $U = 100\text{V}$，频率 $f = 50\text{Hz}$ 的正弦电源上，其电流 $I_1 = 5\text{A}$，$\cos\varphi_1 = 0.7$。若将此线圈中的铁心抽出，再接于上述电源上，则线圈中电流 $I_2 = 10\text{A}$，$\cos\varphi_2 = 0.05$。试求此线圈在具有铁心时的铜损和铁损。

6. 有一个单相照明变压器，容量为 $10\text{kV} \cdot \text{A}$，电压为 3300/220V。今欲在二次绕组接上 60W 220V 的白炽灯，如果要让变压器在额定情况下运

行，这种电灯可接多少个？并求一次、二次绕组的额定电流。

7. SJL 型三相变压器的铭牌数据如下：$S_N = 180\text{kV} \cdot \text{A}$，$U_{1N} = 10\text{kV}$，$U_{2N} = 400\text{V}$，$f = 50\text{Hz}$，联结方式为 Y - Y$_0$。已知每匝线圈感应电动势为 5.133V，铁心截面积为 160cm^2。试求：（1）一次、二次绕组每相匝数；（2）变压比；（3）一次、二次绕组的额定电流；（4）铁心中磁感应强度 B_m。

8. 如图 6-28 所示，输出变压器的二次绕组有中间抽头，以便于接 8Ω 或 3.5Ω 的扬声器，二者都能达到阻抗匹配。试求二次绕组两部分匝数之比 $\dfrac{N_2}{N_3}$。

9. 图 6-29 所示的变压器有两个相同的一次绕组，每个绕组的额定电压为 110V。二次绕组的电压为 6.3V。

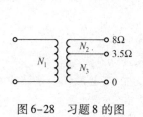

图 6-28　习题 8 的图

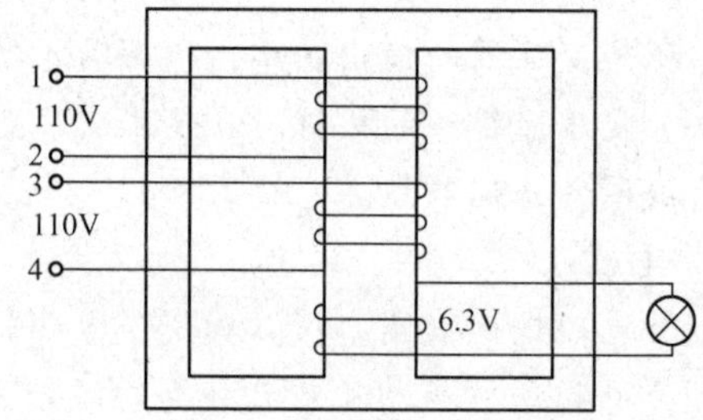

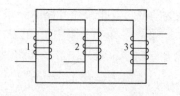

图 6-29　习题 9 的图

（1）试问当电源电压在 220V 和 110V 两种情况下，一次绕组的 4 个接线端应如何正确联结？在这两种情况下，二次绕组两端电压及其中电流有无改变？每个一次绕组中的电流有无改变？（设负载一定）

（2）在图 6-29 中，如果把接线端 2 和 4 相连，而把 1 和 3 接在 220V 的电源上，试分析这时将发生什么情况？

10. 图 6-30 所示为一个电源变压器，一次绕组有 550 匝，接 220V 电压。二次绕组有两个：一个电压为 36V，负载为 36W；另一个电压为 12V，负载为 24W。两个都是纯电阻负载。试求一次电流 i_1 和两个二次绕组的匝数。

11. 有 3 个线圈如图 6-31 所示，试定出线圈 1 和 2、2 和 3、3 和 1 的同极性端，用 3 种记号标出。

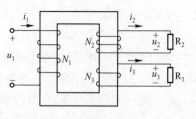

图 6-30　习题 10 的图

图 6-31　习题 11 的图

12. 如图 6-32 所示，当闭合 S 时，绘制出两回路中电流的实际方向。

13. 图 6-33 所示为一个有 3 个二次绕组的电源变压器，试问能得出多少种输出电压？

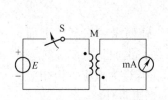

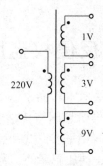

图 6-32　习题 12 的图　　　　图 6-33　习题 13 的图

14. 有一个交流接触器 CJ0 - 10A，其线圈电压为 380V，匝数为 8750匝，导线直径为 0.09mm。今要用在 220V 的电源上，问应如何改装？即计算线圈匝数和换用直径为多少毫米的导线。

提示：（1）改装前、后电磁吸力不变，磁通最大值 Φ_m 应该保持不变；（2）Φ_m 保持不变，改装前、后磁通势应该相等；（3）电流与导线截面积成正比。

15. 有一个直流电磁铁，其磁路由铁心、衔铁和气隙 3 部分构成。铁心的材料是硅钢片，衔铁的材料是铸钢。各部分的尺寸（以厘米计）如图 6-34 所示。今需要在空气隙中产生磁通 0.06Wb，而已知线圈匝数为2500，试求线圈中必须通入的电流，并计算电磁铁的吸力。

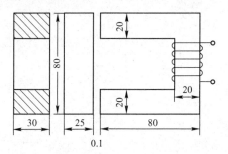

图 6-34　习题 15 的图

反侵权盗版声明

电子工业出版社依法对本作品享有专有出版权。任何未经权利人书面许可，复制、销售或通过信息网络传播本作品的行为；歪曲、篡改、剽窃本作品的行为，均违反《中华人民共和国著作权法》，其行为人应承担相应的民事责任和行政责任，构成犯罪的，将被依法追究刑事责任。

为了维护市场秩序，保护权利人的合法权益，我社将依法查处和打击侵权盗版的单位和个人。欢迎社会各界人士积极举报侵权盗版行为，本社将奖励举报有功人员，并保证举报人的信息不被泄露。

举报电话：(010) 88254396；(010) 88258888

传　　真：(010) 88254397

E-mail：dbqq@ phei. com. cn

通信地址：北京市海淀区万寿路 173 信箱

　　　　　电子工业出版社总编办公室

邮　　编：100036